イラスト
&
図解

知識**ゼロ**でも
楽しく読める！

化学の
しくみ

早稲田大学高等学院 教諭
竹田淳一郎監修

JN044079

西東社

はじめに

　この本を手に取っていただき、ありがとうございます。

　私たちの身の回りには化学反応があふれています。プラスチックや繊維、ゴムは化学反応を駆使して作られていますし、料理を作るために材料を煮たり焼いたりするのは、材料に化学反応を起こさせることでおいしく食べられるようにしているからです。そして、毎日の食事が体内で消化されてエネルギーに変わるのも化学反応です。そんな身近な化学を楽しくわかりやすく伝えたいという思いでこの本を作りました。

　「でも化学って元素記号を覚えたり、化学反応式がたくさん出てきたり、難しい計算ができないとダメなんでしょ？」と思っている人や、「学生のときに勉強したけれど、化学反応式どころか元素記号もすっかり忘れてしまった…」そんな人もいるかもしれません。心配しないでください、大丈夫です。むしろそんな人にこそ、この本を手に取ってほしいと思います。

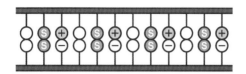

　この本は、教科書や参考書のように最初から順番に読んでいく必要はありません。ひとつの話題を見開きのページにまとめているので、興味をもったページを開いてもらえればそこからすぐに読み始められます。パンがふくらむしくみ、シャンプーとリンスの違い、消火器が粉で火を消せる理由、鉄の生産の歴史など、身近だけれども立ち止まって考えると実は化学が関係している、そんな話題をたくさん集めました。難しい化学反応式や計算はなるべく入れないようにして、簡潔な文章とイラストを使ってわかりやすく説明するような構成になっていますので、化学のことをもっと知りたいという気持ちと、３分程度の空き時間があればひとつの話題について読み終わります。

　さあ、もくじを見て「面白そう！」と思ったページから開いてみてください。化学の魅力を新鮮な驚きとともに発見できるはずです。

早稲田大学高等学院教諭　竹田淳一郎

もくじ

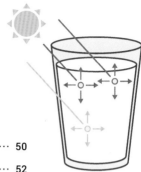

2章 もっと知りたい! 化学のあれこれ …… 61 ▼ 98

3章 なるほど〜とわかる 化学の発見と発展 ………… 99 ▼ 148

4章 明日話したくなる 化学の話 …………… 149 ▼ 186

1章

身近な疑問と
化学のしくみ

私たちの身のまわりには、
さまざまな「化学」が活かされています。
「なぜ水と油は混ざらない?」「どうして氷は水に浮く?」など、
身近な現象を通して、化学の世界に触れてみましょう。

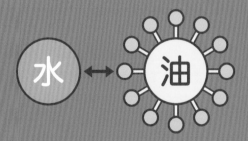

パンはなぜ
ふくらむのか?

なる
ほど! パンがふくらむのは**二酸化炭素**によるもの。
生きた菌や重曹も使われる!

ふっくらと焼きあがったパン。普段何気なく食べたりつくったりされる食べ物ですが、そもそもなぜふくらむのでしょうか?

パンがふくらむのは、パン生地を発酵させるから。発酵とは、食品に微生物が増えることで生じる変化で、パンの場合、酵母(イースト菌)を用います。パンに使われる酵母は室温で増殖し、小麦粉や糖からブドウ糖(グルコース)を取り込み、アルコールと二酸化炭素を生成します(アルコール発酵)。**この発酵の過程で出てくる二酸化炭素によって、パン生地がふくらむ**のです。

小麦粉に含まれる**グルテン**という物質は、グルテニンとグリアジンというたんぱく質がつながりあい、網目のような構造になっています。この網目のような構造により、二酸化炭素を閉じ込めることができるのです〔**右図**〕。

また、酵母を使わなくても、**重曹によってパンをふくらませる方法**もあります。重曹は、酸に触れるか加熱されることで分解し、二酸化炭素を出すので、パンをふくらますことができるのです。ちなみに、パンやお菓子づくりに使われるベーキングパウダーは、重曹と酸性の物質がブレンドされていて、水に溶かすだけで両者が反応して二酸化炭素が出るようになっています。

二酸化炭素でパンはふくらむ

▶ パンがふくらむしくみ

1 生地をつくる

パンの生地

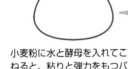

小麦粉に水と酵母を入れてこ
ねると、粘りと弾力をもつパ
ン生地ができる。この粘りと
弾力はグルテンのはたらき。

グルテン
グリアジン（粒状）
グルテニン（ひも状）

水と、小麦粉に含まれるたんぱく質グリア
ジンとグルテニンとが合わさり、こねてい
くと立体網目構造のグルテンを形成。

---

2 酵母のはたらき

パン生地にラップをかけてあ
たたかくして放置すると酵母
がはたらく。酵母は生地の糖
分を分解し、二酸化炭素を発
生させる。このはたらきをア
ルコール発酵※と呼ぶ。

酵母によるアルコール発酵

$$C_6H_{12}O_6 \Rightarrow 2C_2H_5OH + 2CO_2$$

グルコース　　アルコール（エタノール）　　二酸化炭素

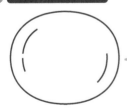

酵母菌
生地に含まれる糖分
アルコール
二酸化炭素

---

3 パン生地がふくらむ

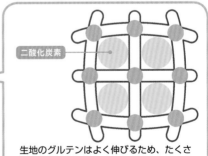

二酸化炭素

生成された二酸化炭素は、パ
ンの骨格となるグルテンに包
み込まれる。これにより、パ
ン生地が膨らむ。

生地のグルテンはよく伸びるため、たくさ
んの二酸化炭素の泡によりふくらんでいく。

※発酵でできるアルコールは、パンを焼くと気体となって生地から抜ける。

身近な疑問と化学のしくみ　1章

02 炊いたお米がふっくら やわらかくなる理由は?

なるほど! 水と熱を加えることで、**デンプンの結晶構造が ゆるんで分解されやすくなるから!**

生の米粒は硬くて食べられたものではありませんが、炊くとなぜ あんなにふっくらやわらかなご飯になるのでしょうか?

米の約70%はデンプンでできています。デンプンは、たくさん のブドウ糖（グルコース）がつながってできた巨大分子です。ブド ウ糖は糖の一種で、甘さは砂糖（ショ糖、スクロース）に比べると 控えめです。ブドウ糖は、私たちの脳のエネルギー源として非常に 重要な栄養で、一部のラムネ菓子に入っていたり、最近はスーパー や薬局でブドウ糖そのものも売られたりしています。

デンプンのつながりを切って小さくし、最終的にグルコースに変 えるには、**水を取りこんで分解する加水分解**が必要です。しかし炊 いてない生米はデンプンがぎっしりと結晶構造をつくっているので、 水を加えるだけでは反応が進みません。そこで**炊飯で熱と水を与え ることで、結晶構造をゆるめます。水を入りこませ、やわらかくし て分解しやすくする**のです。これを**糊化**といいます〔**図1**〕。

ちなみに、普通のお米ともち米だと、もちもち度が違いますよね。 これは、米に含まれるデンプンの成分の違いによるものです。もち 米は、**アミロペクチンというデンプンのみを含む**ため、もちもちし ているのです〔**図2**〕。

012

デンプンの性質を知って上手に利用

▶ ご飯がやわらかくなる理由〔図1〕

お米の主成分はデンプン。水とデンプンを加熱すると、密な構造に水が入りこんでほぐれた状態になり（糊化）、お米はやわらかく弾力のある食感に。

生米	炊きたてのご飯	放置されたご飯

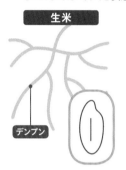

生米のデンプンは密に並んでいる状態。食べても酵素がうまくはたらかず、消化できない。

水とお米を加熱すると、デンプンが水を含んでほぐれた状態に（糊化）。酵素の作用で消化できるように。

糊化したご飯を放置すると、水が抜けて生デンプンのような密な構造になる。ぼそぼそとした食感に。

▶ うるち米（普通の米）ともち米の違い〔図2〕

もち米の主成分はアミロペクチン。枝分かれ構造があり、調理すると強い粘性ができて、お餅のもちもち感が出る。

枝分かれがもちの食感を生む

アミロペクチンはグルコース（ブドウ糖）がいろいろ枝分かれしてつながったデンプン。もち米は100%アミロペクチン。

アミロースはグルコースがまっすぐつながったもの。普段のお米はアミロペクチン約8割、アミロース約2割からなる。

身近な疑問と化学のしくみ **1章**

Q 富士山山頂とエベレスト山頂、カップ麺がおいしいのは？

| 富士山 | or | エベレスト | or | おいしさは変わらない |

沸かしたお湯を入れるだけで、手軽にどこでも熱々のラーメンやうどんなどの麺料理が味わえるカップ麺。さて、このカップ麺を富士山とエベレストの山頂でそれぞれ食べたとすると、どちらがおいしいか、わかりますか？

　それぞれの山頂に登って試食…しなくても、**これは地上で疑似体験することができます**。標高3,776mの富士山山頂でのカップ麺を味わうなら、約88℃のお湯でカップ麺をつくります。標高8,848mのエベレスト山頂での味なら、約70℃のお湯でカップ麺をつくると再現することができます。どちらも100℃のお湯でつくってい

ないので、地上よりぬるいカップ麺になってしまいます。

　さて、山頂でカップ麺をつくると、なぜぬるいお湯になってしまうのでしょうか？　容器に入れた水は、放っておくといずれ蒸発してなくなります。また、容器を加熱すると水は沸騰して、どんどん蒸発してもっと早く水はなくなります。この水が蒸発する勢いによって生まれる蒸気の圧力を**「蒸気圧」**といいます。

　カップ麺には、一度加熱調理してデンプンを糊化させた麺から水分を取り除いて乾燥させ、デンプンの糊化を固定した乾燥麺が入っています。これを沸騰するほどの熱湯で湯戻しして食べるわけです。

　地上なら水を加熱して、蒸気圧が地上の大気圧1,013hPaと等しくなる水温100℃のときに、沸騰がはじまります。**富士山山頂は気圧が約0.7気圧、約88℃で沸騰する**ため、これ以上温度の高いお湯が手に入らないのです。同様に、**エベレスト山頂の気圧は約0.3気圧、約70℃で沸騰**してしまいます。

　ちなみに平均気温は富士山山頂が約−7℃で、エベレスト山頂は約−50℃です。カップ麺はぬるくても湯戻し時間を延ばせば麺をやわらかく食べられますが、気温−50℃ではあっという間にお湯が冷めますね。なので、答えは「富士山」です。

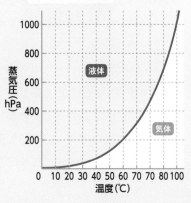

蒸気圧と沸騰

沸騰は蒸気圧と等しくなったときに起こる。

●富士山山頂は気圧が約0.7気圧で
　➡　約88℃で水は沸騰

●エベレスト山頂は気圧が約0.3気圧で
　➡　約70℃で水は沸騰

03 どうして氷は 水に浮くのか？

なるほど！ 水は凍ることで密度が小さくなるので、凍った方が軽くなるから！

コップに氷と水を入れると、氷って浮きますよね。もともとは同じ物質のはずなのに、どうして氷は浮くのでしょうか？

水の分子は水素原子2個と酸素原子1個でできています。原子は「く」の字形にくっついていて、酸素原子がマイナス、水素原子がプラスの電気をわずかにもっています。液体の状態では、この「く」の字形の分子が5〜10数個かたまりになって、散らばっています。しかし固体の氷になると、酸素原子と水素原子が規則正しく結びつきます（水素結合）。水分子は「く」の字形なので、**結びつくと網目状になって隙間が空きます。そのため、氷は水より密度が小さくなる**のです。同じ体積の氷と水では、密度が小さい分、氷は水より軽くなって、氷は水に浮くのです〔**図1**〕。

ところで、凍った湖の氷の下で魚が泳ぐのって不思議ですよね。魚はなぜ凍らないのでしょうか？ **水の密度は温度によって変わり、4℃で密度が一番大きくなります**。そのため、気温が0℃以下になって水が冷え始めたとき、水温が4℃に向けて下がると水は重くなり湖底に沈みますが、さらに温度が下がると氷は水面近くに集まるため、氷は水面からできていきます〔**図2**〕。そのため、湖面の方が冷たくなるのです。なので、魚は湖底で生きていけるのです。

水分子の密度が不思議な性質をもたせる

▶ 氷が水に浮く理由は?〔図1〕

液体の水より、固体の氷の方が体積が小さく、軽いため水に浮く。

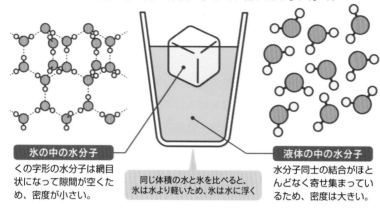

氷の中の水分子
くの字形の水分子は網目状になって隙間が空くため、密度が小さい。

同じ体積の水と氷を比べると、氷は水より軽いため、氷は水に浮く

液体の中の水分子
水分子同士の結合がほとんどなく寄せ集まっているため、密度は大きい。

▶ 凍った湖の下で魚が凍らない理由〔図2〕

水深の深い湖の場合、冬になって湖面が0℃で氷が張っていても、湖底の水温は4℃前後を維持する。これは水は3.98℃のときに密度が一番大きくなるという性質のため。

水の密度の温度変化

水は3.98℃で密度が最大になり、それより温度が上がる、もしくは温度が下がると密度が小さくなる性質がある。

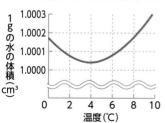

1gの水の体積（cm³）

温度（℃）

湖面の氷   0℃

2℃

3℃

水は3.98℃が一番重い

4℃

04 木の葉はなぜ 色が変わるのか?

なるほど! 緑色の**クロロフィル**が養分として分解され、 葉が**赤く**なったり、**黄色く**なったりする!

秋になると、葉が赤や黄色になって色とりどりの景色になりますね。どうして、葉の色は変わるのでしょうか?

黄葉の場合、**緑色の色素・葉緑素=クロロフィル分子がなくなるからです**。クロロフィルは光合成で光エネルギーを吸収。二酸化炭素を養分(デンプン)に変えます。葉にはクロロフィルと黄色のカロテノイドが含まれていて、クロロフィルが多いと緑色に見えます。

涼しくなって日が短くなると、養分を生む光エネルギーが減ります。すると木は省エネモードに入り、葉のはたらきをやめていきます。**クロロフィルは分解されて緑を失っていきます**。葉の柄の部分に離層というものができ、デンプンや水の通り道が遮断されます。行き場を失ったデンプンが葉に溜まり、ブドウ糖に変わります。

紅葉する葉はもともと葉にあるアントシアニジン※と、このブドウ糖が反応します。そして**赤いアントシアニン色素がたくさんでき、赤くなります**。黄色になるのはアントシアニジンがない葉。アントシアニンはできずカロテノイドだけとなり、黄色になります〔**図1**〕。

アントシアニンは、赤や青、紫色の色素で、花や果物もたくさん含んでいます。ちなみに**赤や青に変わる紫陽花の色も、アントシアニンが関係**しています〔**図2**〕。

※アントシアニンは、アントシアニジンとブドウ糖が結合した形で存在し、色素本体はアントシアニジンと呼ばれる。

緑色のクロロフィルが分解され、色が変わる

▶ 葉の色が変わるしくみ〔図1〕

葉の緑色が薄まることで、別の色素が目立つようになり、葉の色が変化。

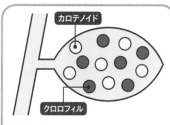

1 葉には緑色のクロロフィルと黄色のカロテノイドが存在。クロロフィルは光を養分に変える。

2 光の少ない冬には、葉は養分をつくるため、クロロフィルを分解して養分として蓄える。

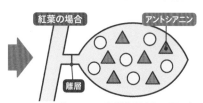

紅葉の場合

クロロフィルが分解され、アントシアニンがつくられ、赤く見える。

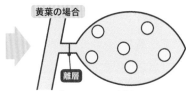

黄葉の場合

クロロフィルが分解され、カロテノイドが目立ち、黄色に見える。

▶ 紫陽花の色のしくみ〔図2〕

酸性の土にある紫陽花の花は青色になる。それは酸性の土に溶けやすいアルミニウムとアントシアニンが反応するため。

紫陽花の花にはアントシアニンが含まれる

青色

酸性の土はアルミニウムとアントシアニンが反応し、花の色は青色に。

赤色

アルカリ性の土はアルミニウムが溶けにくいため、花の色は赤色に。

身近な疑問と化学のしくみ **1**章

05 ホタルのお尻が 光るのはなぜ?

「ルシフェリン」と「ルシフェラーゼ」の
化学反応で光る。酵素反応により色も違う!

　自然あふれる地域で、夏の夜を彩るホタル。ホタルって生物ですが、なぜ光るのでしょうか?

　ホタルのオスとメスは、光で交信して出会います。日本では約50種いるホタルのうち、**実は光るホタルは3種類ほど**。光の強さや点滅のリズムはそれぞれ異なります。

　ホタルの発光は「ルシフェリン」と「ルシフェラーゼ」の化学反応で起こります。ルシフェリンは**「光のもととなる物質」**の総称で、ルシフェラーゼは**「ルシフェリンと反応して光らせる酵素」**の総称です。ホタルのもつルシフェリンは「ホタルルシフェリン」と呼ばれます〔**右図**〕。

　世界に目を向けると、ホタルは2,000種以上が知られています。光の色は、日本の緑がかった色以外に、黄緑色、黄色、さらには赤っぽい色までさまざまです。しかし、ホタルルシフェリンは共通しているといわれています。**色の違いは、ホタルの種類によって「ルシフェラーゼ」の形が微妙に違うため**にあらわれるのです。

　ルシフェラーゼは複雑なたんぱく質で、その設計図はそれぞれの遺伝子に組み込まれています。進化・分岐の過程で設計図が少しずつ変わったため、種によって違いが出てきたのでしょう。

発光を担うルシフェリン

▶体内のエネルギーを使って発光

生物発光反応のしくみは生物により異なるが、共通点も多く、基本は発光物質の酸化によって発光する。

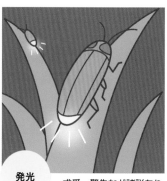

求愛、警告など諸説あり、光る理由は完全にはわかっていない。

← 酸素

← 発光酵素ルシフェラーゼ

1 酵素を触媒にルシフェリンが酸化されて、オキシルシフェリンができる。

発光

高い
エネルギー状態の
オキシルシフェリン
（励起状態）

2 生じるオキシルシフェリンはエネルギーが高く不安定な状態。安定するため低いエネルギー状態へ移行する際、光を放出する。

低い
エネルギー状態の
オキシルシフェリン
（基底状態）

ほかの発光生物

オワンクラゲ

2つのたんぱく質（イクオリンと緑色蛍光たんぱく質）によって緑色に発光する。

ホタルイカ

ホタルイカもルシフェリンとルシフェラーゼの反応で青白く光る。

ウミホタル

刺激を受けるとルシフェリンとルシフェラーゼを口から吐き出し、青白く光る。

身近な疑問と化学のしくみ **1章**

06 金箔って本当に金なの?

なるほど! 金箔は**金を叩いて薄くしたもの**。原子の配列が崩れても**自由電子でつながる**ため薄くできる!

金箔の厚さは約0.0001mm（1万分の1ミリ）です。食べ物の飾りなどに使われたりもしますが、本当に金なんでしょうか?

金箔は金を叩いて薄くしたもので、まぎれもなく金です。なぜこんなにも薄くなるのかというと、**金の自由電子**に秘密があります。**0.0001mmの厚さの金箔には、金の原子が350個も並んでいます**。金などの金属は金属原子が金属結合によってつながり、規則正しく並んでいます。

金属結合では、プラスの電荷を帯びた原子核の周りを、マイナスの電荷を帯びた自由電子が動き回ることによって、原子同士を結合させています〔**図1**〕。この**自由電子が金属の性質を決めています**。金が叩けば広がり、引っ張れば伸びる性質は、叩かれることで崩れた原子の配列を、自由電子がつなぎとめているからです。そのため、金は非常にやわらかく、薄く延ばすことができるのです〔**図2**〕。

また、金の自由電子は光を反射して金色の光沢を出し、電気や熱のエネルギーを伝えます。**金は水に入れても溶け出さず（イオンになりにくく）、ほかの物質と反応しづらい物質**です（濃塩酸と濃硝酸の混合液・王水などで溶けます）。そのため、エジプトの黄金のマスクは3,000年以上の年月を経ても金の輝きを失わないのです。

自由電子が原子をつなぐ金属結合

▶ 自由電子とは?
〔図1〕

金をはじめとする金属は、無数の金属原子が結びついた結晶。その金属原子同士は、結晶内を自由に動き回る自由電子が結びつけている（金属結合）。

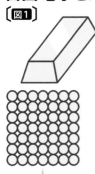

1gの金は
「3.06 × 10²¹個」
の金原子でできている

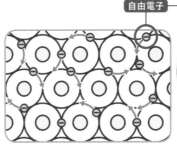

自由電子

金の原子

金の場合、電子1個が飛び出して自由電子となり、金原子同士を結びつけている。

▶ 金は加工しやすい
〔図2〕

自由電子で結合されているため、金をはじめとする金属は変化させやすい。

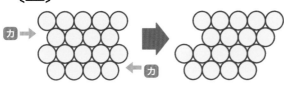

力 →　← 力

力を加えて原子の配列を変えようとしても、原子同士の金属結合は保たれる。

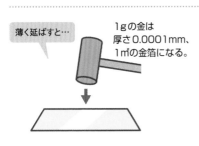

薄く延ばすと…

1gの金は
厚さ0.0001mm、
1㎡の金箔になる。

引き伸ばすと…

1gの金は
長さ3kmの
金線にできる。

身近な疑問と化学のしくみ　**1**章

Q 海で感じる磯の香りって、何から出ている匂い?

| 水の匂い | or | 魚の匂い | or | 硫黄の匂い |

海辺に立つと、どこからか不思議な匂いが漂ってくる…。海が近づいてくると、ほかの場所では感じることのない独特な潮の香り（磯の香り）がしてきますよね。この香りの発生源は、何なんでしょうか？

磯のかおり…?

　海にはいろんな生き物がすんでおり、海水にはいろいろな物質が溶け込んでいます。水自体は無臭なので、何が磯の香りの正体なのでしょうか？

　磯の香りの正体は、硫化ジメチル（DMS）という有機硫黄化合物です。海にすむ海藻や植物プランクトンの多くは、海水中の硫酸

イオンを取り込み、**ジメチルスルフォニオプロピオナート（DMSP）という有機硫黄化合物をつくり出します**。海藻の細胞内の水が外に流れ出し、脱水しないよう浸透圧を調整するためです。

　海水中に放出されたDMSPは、海中にすむ海洋細菌によって分解されて、DMSが生じます。DMSは海水に溶けにくく、海から大気中に大量に放出され、磯の香り物質としてはたらくのです。

　ですので、答えは「硫黄（化合物）の匂い」です。

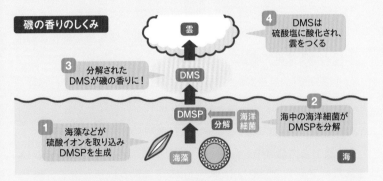

磯の香りのしくみ

4　DMSは硫酸塩に酸化され、雲をつくる

雲

3　分解されたDMSが磯の香りに！

DMS

DMSP

2　海中の海洋細菌がDMSPを分解

分解　海洋細菌

1　海藻などが硫酸イオンを取り込みDMSPを生成

海藻

海

　ちなみに、**DMSは雲をつくる物質でもあります**。雲は大量の水の粒が集まってできたもの。大気中でDMSは酸化されて、硫酸エアロゾル（大気に浮かぶ微小な液体）になると、水の粒の芯となる「雲核（うんかく）」としてはたらきます。現在、DMSの放出量を測ることで、地球の気候が変化するしくみを解明する研究が進んでいます。

　また**DMSは、地球外生命を探す手がかりになる**とも考えられています。地球上では、DMSは生物からのみ生成される物質です。現在の宇宙望遠鏡は、観測惑星の大気に含まれる化学物質を分析できるため、もしほかの惑星でDMSが観測できれば、生命が存在する手がかりとなる可能性があるのです。

　身近な疑問と化学のしくみ **1章**

07 なぜ肉に焼き色がつくの?

なるほど! たんぱく質と糖を含む食品は、加熱すると「メイラード反応」で褐色になる!

肉を焼くと、褐色の焼き色がついて食欲をそそりますよね。このおいしそうな色は、肉の中に同居する**糖とたんぱく質が加熱されることによって生まれます。**

たんぱく質は、さまざまな「アミノ酸」が結合してできた物質です。このアミノ酸と肉に含まれる糖が同時に加熱されることによって、褐色の**「メラノイジン」**と呼ばれる成分が生み出されます。これを**「メイラード反応」**といいます。肉の場合は、肉のたんぱく質に含まれるアルギニンやリシン、グルタミン酸といったアミノ酸と、同じく肉に含まれるグルコースやラクトースなどの糖とが、反応します〔右図〕。

このメイラード反応は、肉に限ったものではありません。ホットケーキやクッキーなども同じです。小麦粉のアミノ酸と砂糖によるメイラード反応により、褐色に焼き上がります。小麦粉の約70%は炭水化物（デンプン）ですが、約10%はたんぱく質で、グルタミン酸などのアミノ酸を多く含みます。みそ、しょう油、ビール、コーヒーなどの色は、いずれもメイラード反応によるものです。

メイラード反応は、1912年にメイラード（フランスの科学者）によって発見されたため、その名にちなんでいます。

メイラード反応でおいしくなる

▶ メイラード反応とは?

肉を焼いて、焼き色がつき、いい香りがする際に生じる化学反応。アミノ酸（アミノ化合物）と糖（カルボニル化合物）が起こす化学反応のこと。

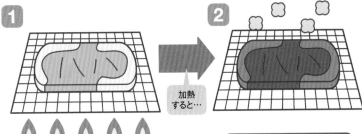

1

加熱すると…

2

肉に含まれるアミノ酸

肉に含まれる糖（グルコースなど）

肉を焼くと、肉のたんぱく質を構成するアミノ酸と肉に含まれるグルコースなどの糖が反応する。

メラノイジン（着色成分）

香り成分

おいしさ成分（コクが出る）

化学反応で、メラノイジンと呼ばれる色素が生成され褐色に。同時に、スモーキーな香りやコクを出す化合物も生み出される。

メイラード反応を起こす例

パンを焼くと、メイラード反応でメラノイジンが生じる。

しょう油やみその香りは、メイラード反応で生成したメチオナールによる。

ビールの褐色も、麦汁内のたんぱく質と糖によるメイラード反応による。

08 肉を煮ると、なぜやわらかくなる？

なるほど！ 肉の組織を結合する役割の**コラーゲン**が、壊れて**ゼリー状になるから！**

　例えばシチューなど、肉をコトコトと煮込むとやわらかくなりますね。これは**コラーゲン**というたんぱく質が、水と一緒に加熱されたことによって**ゼラチン化するために起こる現象**です。

　コラーゲンは繊維状のたんぱく質で、骨や軟骨、皮膚などで細胞同士を結合させる、接着剤のような役割を担っています。コラーゲンは約65℃で収縮が始まって一旦硬くなるのですが、**75～85℃で軟化（ゼラチン化）が急速に進む**のです〔**図1**〕。**煮込んだ肉は、"接着剤"であるコラーゲン がとろっとしたゼリーに変わるため、やわらかくなってほぐれるようになる**のです。

　たんぱく質とは、一般に各種アミノ酸が多数連なった構造の物質です。それぞれのアミノ酸がどの順番でつながっているかというアミノ酸配列のことを、一次構造といいます。一次構造の連なりが、らせん状になったりひだのように折れ曲がったり（二次構造）して、折りたたまれたり（三次構造）、複数のたんぱく質分子が組み合わさったり（四次構造）と複雑な形をとります〔**図2**〕。

　たんぱく質に熱を加えると、この二次構造と三次構造が壊れるのです。冷やしても元にもどりません。焼いた卵の白身が、二度と透明などろどろの状態にならないことも、同じ理由からです。

コラーゲンの多い肉がやわらかくなる

▶ 肉がやわらかくなるしくみ〔図1〕

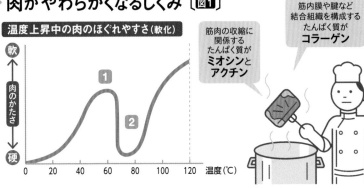

温度上昇中の肉のほぐれやすさ（軟化）

筋肉の収縮に関係するたんぱく質が**ミオシンとアクチン**

筋内膜や腱など結合組織を構成するたんぱく質が**コラーゲン**

縦軸：肉のかたさ（軟←→硬）　横軸：温度（℃） 0 20 40 60 80 100 120

1 ミオシンやアクチンなどは筋原線維たんぱく質と呼び、だいたい65℃で凝固。それ以上の加熱でさらに収縮し、硬化が進行。

2 コラーゲンは加熱すると約65℃で収縮し硬くなる。さらに加熱すると75～85℃で軟化（ゼラチン化）が急速に進み、肉がやわらかくなる。

▶ たんぱく質の構造変化〔図2〕

たんぱく質はアミノ酸が鎖状につながり、その形で機能が決まる。

一次構造
アミノ酸が鎖状に連結したもの（ポリペプチド鎖）。つながる順番と数でたんぱく質の種類が決定。

二次構造
ポリペプチド鎖のたんぱく質が側鎖（→P38）をつくり、特徴的な立体構造をつくる。

三次構造
ポリペプチド鎖全体が最終的にとる立体構造。たんぱく質としてのはたらきが生まれる。

四次構造
ヘモグロビンなど一部のたんぱく質は、三次構造が結合した集合体をしている。

図1出典：『肉の科学』（朝倉書店）

09 牛乳って なぜ白い?

なるほど! 牛乳に含まれるたんぱく質の粒子と
脂肪球が光を散乱させるため、白く見える!

　牛乳はきれいな白い色をしていますね。何が白い色をつけている
のでしょうか?

　牛乳をミクロの世界で見ると、透明な液体の中に小さな粒が浮か
んでいます。これは、**水に溶けないたんぱく質・カゼインがつくる**
粒子や脂肪球です。牛乳1mLあたり、カゼイン粒子が15兆個、脂
肪球が60億個均一に浮かんでいます。太陽光は、牛乳に浮かぶ粒
子にぶつかると、ばらばらな方向に反射します。この現象は**「散乱」**
といい、牛乳で起こっている散乱は**「ミー散乱」**といいます。

　太陽光はさまざまな色の光が集まってできていて、重なると混ざ
って白い光に見えます。**牛乳内の粒子は、さまざまな色の光を均等**
に散乱します(ミー散乱)。また粒子の数は多く、均一に浮かんで
いるため、粒子間で光の散乱は繰り返されます。このため、**散乱さ**
れたいろいろな色の光が等しく混じり、白く見えるのです〔**図1**〕。

　牛乳のように、液体や気体などの物質の中に、ほかの物質が直径
1〜数百nmほどの粒子となって均一に分散している状態を**「コロ**
イド」といいます。コロイドの状態になっているものは身近に多く
あります〔**図2**〕。空に浮かぶ雲も空気中に細かい水の粒子が分散し
たコロイドで、雲が白く見える理由も牛乳と同じです。

牛乳内に粒子が均一に浮かぶ

▶ 牛乳はなぜ白く見える? 〔図1〕

牛乳に浮かぶたんぱく質の粒子や脂肪球に当たった光が乱反射するため。

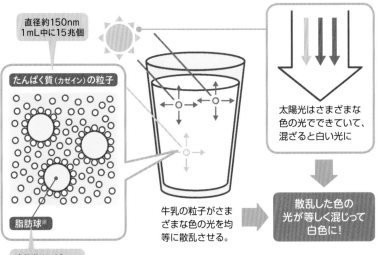

直径約150nm
1mL中に15兆個

たんぱく質（カゼイン）の粒子

脂肪球※

直径約1〜10μm
1mL中に
20〜60億個

牛乳の粒子がさまざまな色の光を均等に散乱させる。

太陽光はさまざまな色の光でできていて、混ざると白い光に

散乱した色の光が等しく混じって白色に!

※搾りたての牛乳は、置いておくと脂肪球が浮いてきて生クリームとなる。市販の牛乳は、脂肪球が浮かないように細かい粒子にするホモゲナイゼーション（均一化）をしている。

▶ おもなコロイドの例 〔図2〕

コロイドは身近なところでたくさん見られる。

		コロイド粒子の種類（分散質）		
		気体	液体	固体
コロイドを分散させている物質（分散媒）	気体	存在しない	雲 （空気／水滴）	煙 （空気／粒子）
	液体	ビールの泡 （ビール／CO₂）	マヨネーズ （酢／油）	墨汁 （水／黒鉛）
	固体	マシュマロ （糖類／空気）	ゼリー （ゼラチン／水）	着色ガラス （ガラス／着色剤）

身近な疑問と化学のしくみ **1章**

10 水と油は なぜ混ざらない?

なるほど! 水の分子は極性分子で、互いに引き合って集まっているので油が入り込めない!

水とサラダ油を順番にコップに入れると、水の層と油の層にきれいに分かれて混ざり合いません。水と油に分離するのは、**水が極性分子からなる液体**で、**油が無極性分子からなる液体**だからです。

水分子は、酸素原子と水素原子でできています。この2つの原子は電子を引きつける力が違い、酸素原子は電子を引っ張る力が強いです。水分子が「く」の字のような形の構造であることもあわさって、水分子中の酸素原子の部分がマイナス、水素原子の部分がプラス寄りになります。この電気的なかたよりが「極性」であり、極性をもつ分子を**「極性分子」**と呼びます。

いっぽうの油分子は、炭素と水素がたくさん結合した構造です。炭素原子と水素原子は電子を引っ張る力はあまり変わらず、全体として極性があまりない**「無極性分子」**です。

極性分子同士は、電気のかたよりをもつことから互いに引き合って集まる性質があり、水分子同士が引き合う力が強いです。そのため油分子が入り込めないので、水と油は分離するのです〔**図1**〕。

そんな水と油も、**水と油をなじませる界面活性剤（乳化剤）を加えれば、混ざります**〔**図2**〕。この原理を利用して、マヨネーズのように分離しない程度に乳化させた液体をつくることもできます。

界面活性剤で水と油は混ざる

▶ 水と油が分離する理由 〔図1〕

水分子は極性分子のため、互いに引き合って集まる性質がある。油分子は水分子の集まりに入り込めない。

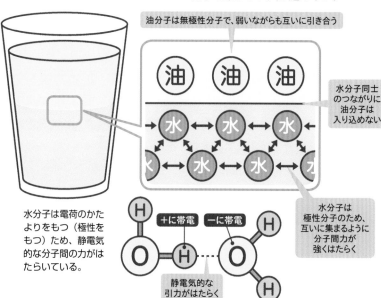

油分子は無極性分子で、弱いながらも互いに引き合う

水分子同士のつながりに油分子は入り込めない

水分子は極性分子のため、互いに集まるように分子間力が強くはたらく

水分子は電荷のかたよりをもつ（極性をもつ）ため、静電気的な分子間の力がはたらいている。

+に帯電　−に帯電

静電気的な引力がはたらく

▶ 界面活性剤のはたらき 〔図2〕

界面活性剤は、水と油とをなじませる物質。水と油の分子の性質を変化させて、均一に混ざるようにする（乳化）。

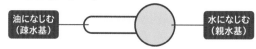

油になじむ（疎水基）　　水になじむ（親水基）

界面活性剤は、1つの分子の中に親水基と疎水基をもつ。

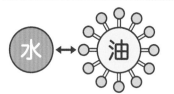

油に界面活性剤が吸いつくと、水と引きつけ合うようになる。

身近な疑問と化学のしくみ **1章**

11 パーマでどうして毛がカールする?

なるほど! 毛髪内部の結合を薬剤で切って、カールに合わせてつなぎ直すから!

どうしてパーマをかけると、髪を洗ってもカールがとれなくなるのでしょうか? これには、酸化還元反応が深く関わっています。

毛の強さや弾力、形、クセは、**毛の内部にあるたんぱく質の結合の組み合わせで保たれています**。そのなかで毛の直毛やカール、くせを決める結合は3種類あります。ジスルフィド結合、イオン結合、水素結合です（➡P38）。**パーマでは2種類の薬剤を使い、たんぱく質の結合を切った後につなぎ直し、カールをつけているのです**。

まず1つ目の薬剤に含まれる**還元剤、アルカリ剤、水で3つの結合をすべて切ってしまいます**。還元剤では水素を与えて（還元）、ジスルフィド結合を切断します。アルカリ剤はイオン結合を、水は水素結合をそれぞれ切り離します。その後、専用器材に髪の毛を巻きつけるなどして、好みのカールをつけていきます。

次に2つ目の薬剤に含まれる過酸化水素などの**酸化剤**が、酸素を放出して水素を奪い（酸化）、**ジスルフィド結合がカールの形を保ったまま再結合します**。これによって、カールが固定します。髪を弱酸性に戻すとイオン結合も再結合し、髪を乾かすと水素結合もつながります。このように分子の切断と結合によって、パーマはかかるのです〔**右図**〕。

3種類の結合で直毛もカールも自由自在

▶ パーマのしくみ

1 直毛では3種類の結合が整然と並ぶ

3種類の側鎖結合が髪の毛の形を決める。パーマをかけるときは、それらの結合をすべて切断し、好きな形にして再結合させて形を固定する。

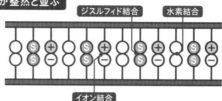

ジスルフィド結合　水素結合

イオン結合

2 1剤の還元反応で結合をすべて切断

1剤を塗ると、3つの側鎖結合が切れる。

● アルカリ剤がイオン結合を切断。

● 還元剤のチオグリコール酸やシステインなどが、水素を付加（還元）して、ジスルフィド結合を切断。

● 水分が水素結合を切断。

アルカリ剤が
イオン結合を
切断

還元剤が
ジスルフィド結合を
切断

水分が
水素結合を
切断

3 好きな形にしたら、2剤で再結合して固定

髪の毛を好きな形にした後、1剤を洗い流す。続いて2剤を塗ると側鎖結合が再結合する。

● 酸化剤の臭素酸塩や過酸化水素が出す酸素が水素を奪いとり（酸化）、ジスルフィド結合が再結合。

● 髪の毛は弱酸性に戻すとイオン結合が、毛を乾かすと水素結合が再結合。形が固定され、パーマ完了。

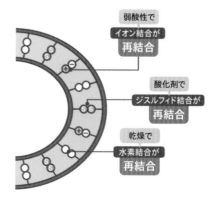

弱酸性で
イオン結合が
再結合

酸化剤で
ジスルフィド結合が
再結合

乾燥で
水素結合が
再結合

出典：『ベーシックケミカル 改訂版』（新美容出版）を参考に作成。

身近な疑問と化学のしくみ **1**章

12 イオンの力で髪を守る？ シャンプー、リンスの化学

なるほど！ マイナスイオンで皮脂汚れを流し、
プラスイオンで静電気を抑えている！

　シャンプーは汚れを落とし、リンス（コンディショナー）は髪を
さらさらにしますね。それは、シャンプーにもリンスにも界面活性
剤（➡P32）が含まれていて、**イオンの力がはたらいているから**。
イオンとは、電子の増減で「電気を帯びた原子」のことをいいます。

　シャンプーの界面活性剤の成分は、水中でマイナスイオンになり
ます。界面活性剤は、ひとつの分子内に**水に溶けにくい部分（疎水
基）と水に溶けやすい部分（親水基）**があります。疎水基が頭皮の
皮脂汚れに付着して取り囲み、汚れを髪からはがして界面活性剤の
成分で包み込みます。髪の毛はマイナスの電気を帯びているので、
汚れをおおう親水基表面のマイナスの電気と反発し合います。その
ため、汚れがまた髪に付着することはありません〔**図1**〕。

　リンスの界面活性剤の成分は、水中でプラスイオンになります。
親水基はプラスの電気を帯びています。そのため、マイナスの電気
を帯びている髪に引きつけられ、全体をおおいます。**外側に並ぶ疎
水基がリンスに含まれている油剤を引き寄せて髪をおおい**、静電気
が起こりづらい、なめらかでさらさらの髪になるのです〔**図2**〕。

　ちなみにトリートメントは、油分と保湿剤を、濡れて開いたキュ
ーティクルから髪に浸透させ、内部から潤いを与えるしくみです。

髪のケアには界面活性剤が欠かせない

▶ シャンプーのしくみ 〔図1〕

マイナスの電気を帯びた親水基が汚れを引き離す。

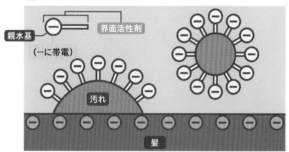

1 シャンプーの界面活性剤の疎水基が油汚れに付着。

親水基
（-に帯電）

界面活性剤

汚れ

髪

2
汚れを取り囲んで引き離し、外側の親水基（-に帯電）が水になじんで分散。

3 濡れた髪はマイナスの電気を帯びているので、汚れは再び付着しない。

▶ リンスのしくみ 〔図2〕

プラスの電気を帯びた親水基が髪に引き寄せられ、油分でおおう。

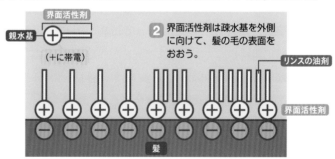

界面活性剤

親水基
（+に帯電）

2 界面活性剤は疎水基を外側に向けて、髪の毛の表面をおおう。

リンスの油剤

界面活性剤

髪

1 リンスの界面活性剤の親水基（+に帯電）がマイナスの電気を帯びた髪の毛に引き寄せられる。

3 疎水基は油になじみやすく、リンスの油剤を引き寄せ、静電気を防ぎ、手ざわりをなめらかにする。

身近な疑問と化学のしくみ **1**章

13 なぜ雨の日は髪の毛が まとまらなくなる?

なる
ほど!　髪が濡れると**水素結合**が切れてしまい、
髪のくせがついたまま**再結合**するから!

　雨の日や湿度の多い日に、髪の毛がうねって広がる…なんてこと、
ありますよね。なぜ、髪がまとまらなくなるのでしょうか?

　髪の毛は、おもにケラチンというたんぱく質でできています。たんぱく質は、アミノ酸という小さな分子からできています。**ケラチンは、1本の鎖のように長くつながったアミノ酸を主鎖としています**。それが無数に集まって1本の髪の毛となっています。**主鎖同士は横方向にもつながっています（側鎖結合）**。この横のつながりが、髪の毛の強度や弾力を生み出します。

　側鎖結合には、水素結合、イオン結合、ジスルフィド結合があるのですが、このうち**雨の日に髪がまとまらなくなるのは水素結合が原因**です〔**図1**〕。水素結合は水分によって簡単に切れてしまいますが、乾くとすぐに再結合します。毛は水分を吸収しやすいので、空気中の水蒸気がすぐに毛の内部に入り込んで水素結合を切断します。そして、**髪のくせがついた状態で再結合すると、髪の毛がうねって広がってしまう**のです〔**図2**〕。

　毛が傷んで、髪の毛の表面のキューティクルがはがれていると、水分が入り込みやすくなります。そのためスタイリング剤で毛の表面をコーティングすると、広がりを緩和するのです。

水に濡れると水素結合が切れる

▶ 髪の毛のしくみ〔図1〕

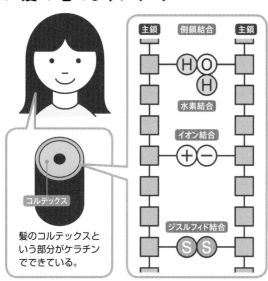

コルテックス

髪のコルテックスという部分がケラチンでできている。

主鎖 | 側鎖結合 | 主鎖

側鎖結合とは

水素結合
水素原子を仲立ちにした分子間の結合。つながる力は弱く、水に濡れたら切れる。

イオン結合
プラスとマイナスのイオン性分子（帯電した分子）の静電気的な引力による結合。

ジスルフィド結合
ケラチンを構成するアミノ酸システイン同士の結合。側鎖の中でも強固な結合。

▶ 髪の毛が水に濡れると…〔図2〕

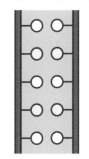

水に濡れると、水素結合が切れる。

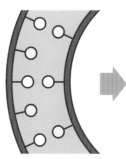

水素結合が切れると髪にくせができる。

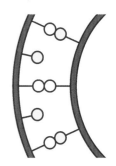

乾いて再結合するとくせの形に固定される。

身近な疑問と化学のしくみ **1章**

Q 眠っているときに寝ぐせがつくのはどうして？

部屋が乾燥して
しまうせい or 水や汗などの
水分のせい or 無意識に手で
押さえているから

朝起きたら、髪の毛がピョンとはねていて、ブラッシングしても直らない…。誰しも経験がある髪の毛の「寝ぐせ」ですね。どうして寝ぐせはついてしまうのでしょうか？

髪の毛にくせがついてしまうのは、毛の内部の3種類の結合によるもの（➡ P38）。**寝ぐせと関係あるのは、水素結合**です。

水素結合は、水素原子の＋の電気と、酸素原子の－の電気がくっついてつながった弱い結合です。そのため、毛が濡れると簡単に切れてしまいますが、乾くとすぐに再結合します。

例えば、髪を洗ったあとにドライヤーを使わずに乾燥させると髪のくせが出てしまいますよね。これは、**髪のくせがついたまま、再び水素結合するためです**。同じように、髪の毛が濡れた状態で寝ると寝ぐせがつきやすくなります。

　例えば、濡れて水素結合が切れた状態の毛が、枕などで曲がっていた場合。曲がったくせがついたまま、眠っている間に髪の毛が乾き、水分が抜けていきます。すると、**くせがついた状態で水素結合が再結合し、固定されてしまいます**。

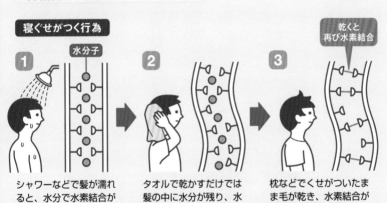

寝ぐせがつく行為

1 水分子
シャワーなどで髪が濡れると、水分で水素結合が切れる。

2
タオルで乾かすだけでは髪の中に水分が残り、水素結合は切れたまま。

3 乾くと再び水素結合
枕などでくせがついたまま毛が乾き、水素結合が再結合して寝ぐせに。

　髪の毛をよく乾かしてから眠ると、寝ぐせやもとのくせ毛がでることを予防できます。ただし、寝ている間に汗をかくと、その水分で水素結合は切れ、寝ぐせがついてしまうことがあります。眠るときは枕の形に気をつけつつ、快適な温度と湿度でいることが大切です。寝ぐせは水素結合でくせがついているだけなので、毛を濡らし水素結合を切り、真っすぐにしてよく乾かせば直ります。ということで、答えは、「水や汗などの水分のせい」です。

14 食べたものはどうなる？消化の化学

なるほど！ 消化酵素の**ペプシン**が、胃酸の水素イオンと協力して**たんぱく質を分解**している！

肉を食べると肉は体内で消化され、栄養素となって体の材料になりますね。人の消化器内では、何が起こっているのでしょうか？

食べたものは胃に入ります。胃液には塩酸が含まれており、さらに**ペプシンというたんぱく質分解酵素**も含まれています。酵素とは、生物がつくる、特定の化学反応を起こさせながらも自分は変化しない「触媒」と呼ばれる分子です。

ペプシンは、胃壁から出てくるまではペプシノーゲンという材料の状態です。初めから消化能力があると、胃自体が消化されてしまうからです。**胃の中で塩酸の水素イオンと出合ってはじめて、ペプシンはたんぱく質をアミノ酸に分解する能力をもつようになります。**

たんぱく質は、アミノ酸がひものようにつながり、立体的にからみ合った構造です。ペプシンには、このひもを切る性質があるのですが、1本ずつしか切れません。そこで、塩酸の水素イオンの登場です。**塩酸がアミノ酸のひもの構造を崩す**ので、ペプシンがひもを切りやすくなるのです。ゆるんだたんぱく質に、分解能力を得たペプシンが結合し、アミノ酸への分解（消化）が進みます〔**図1**〕。

酵素を用いた消化は、たんぱく質をはじめとする三大栄養素の消化でも共通のしくみです〔**図2**〕。

食べ物を体内に吸収される形に分解

▶ 胃の消化のしくみ〔図1〕

塩酸（胃酸）と酵素のはたらきでたんぱく質を分解する。

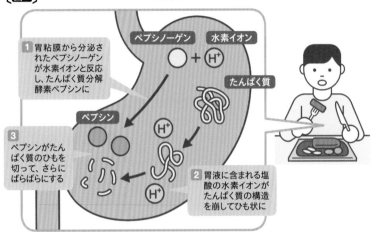

ペプシノーゲン　水素イオン　たんぱく質

1 胃粘膜から分泌されたペプシノーゲンが水素イオンと反応し、たんぱく質分解酵素ペプシンに

ペプシン

3 ペプシンがたんぱく質のひもを切って、さらにばらばらにする

2 胃液に含まれる塩酸の水素イオンがたんぱく質の構造を崩してひも状に

▶ 三大栄養素も化学反応で分解〔図2〕

脂質、炭水化物は、たんぱく質と並ぶ三大栄養素。それぞれに対応した酵素によって分解され、体内に取り入れられる。

	唾液	胃	すい臓	小腸	
ごはん、パン、いも など（炭水化物）	アミラーゼで分解		アミラーゼで分解	マルターゼで分解	エネルギー源（ブドウ糖）
肉、魚、卵 など（たんぱく質）		ペプシンで分解	トリプシンで分解	ペプチターゼで分解	体の構成要素（アミノ酸）
バター、ごま、落花生 など（脂質）			リパーゼで分解		エネルギー源（脂肪酸、モノグリセリド）

身近な疑問と化学のしくみ **1章**

15 お酒はどんな化学変化でつくられている?

なるほど! 酵母がアルコール発酵して糖を分解し、エタノールが発生してお酒になる!

ぶどうジュースがワインに変わる…。お酒って、どういうしくみでつくられるのでしょうか?

どのお酒も、食品に含まれる糖質を、**酵母がエタノール＝アルコールに分解することでつくられます（アルコール発酵）**〔右図〕。

ワインは古くからあるお酒ですが、潰れたぶどうの果汁が皮の天然酵母によってアルコール発酵して自然にできた…のが初めてのワインとされています。古代ギリシャのワインは濃厚で粘り気があり、水などで割って飲んでいました。現代のワインは、**ぶどう果汁のブドウ糖や果糖を、ぶどうの皮の自然酵母や培養酵母の酵素チマーゼによってアルコール発酵**させます。

ビールは紀元前3000年頃、シュメール人が乾燥させた麦芽と小麦粉でつくったパンを砕き、湯に入れて自然発酵させてつくっていました。古代エジプトではビールとパンが給料の代わりになっていて、アルコール度数は10%もあったそうです。現代のビールは、**大麦が発芽するとできる麦芽糖を酵素でブドウ糖などに分解**し、それを**酵母によってアルコール発酵**して作っています。

日本酒の原料は米です。麹が米のデンプンを分解してできるブドウ糖を、酵母がアルコール発酵してつくられています。

▶ お酒のつくり方

酵母が糖をエタノール（エチルアルコール）に分解すると、醸造酒ができる。

赤ワインの場合

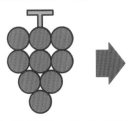

ブドウ糖

酵母

1 ブドウを潰し、実・皮・種ごとブドウ果汁に酵母を混ぜる。

2 酵母のはたらきにより、ブドウ果汁に含まれるブドウ糖がアルコールに変わる。

赤ワインの完成！

日本酒の場合

麹

デンプン

ブドウ糖

酵母

日本酒の完成！

1 蒸した米に、麹と酵母を入れる。

2 麹が米のデンプンをブドウ糖に分解。

3 酵母のはたらきでブドウ糖がアルコールに変わる。

アルコール発酵のしくみ

ブドウ糖（グルコース）が酵母菌によってアルコール発酵すると、酵素チマーゼによりエタノールと二酸化炭素に分解される。

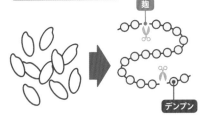

アルコール発酵

$$C_6H_{12}O_6 \Rightarrow 2C_2H_5OH + 2CO_2$$

グルコース　酵素チマーゼ　エタノール　二酸化炭素

16 お酒で酔っても元にもどるのはなぜ?

なるほど! アルコールが肝臓で分解され、最終的に水と二酸化炭素になるから!

お酒を飲むと酔っぱらいますが、やがてさめますね。これは、**体内でアルコールを無害な水と二酸化炭素まで分解しているから**です。

お酒の主成分＝アルコールとは、エタノール C_2H_5OH のこと。エタノールの分解は肝臓で行われます。まず、アルコール脱水素酵素によって、**エタノールはアセトアルデヒド CH_3CHO に分解されます**。次にアセトアルデヒドは、アセトアルデヒド脱水素酵素によって、酢酸 CH_3COOH に分解。この酢酸が全身をめぐるうちに、最終的には水と二酸化炭素になって体外に排出されるのです〔**図1**〕。

つまり、アルコールは酵素によって分解されるのですが、酵素とは何でしょうか?　**酵素はたんぱく質でできた触媒で、触媒は生体内の化学反応を促進するもの**。体内には数千種の酵素があり、例えばアミラーゼはデンプンと反応・分解してマルトースをつくりますが、ほかの物質とは反応しません。このように、それぞれの酵素がはたらく物質は異なるのです〔**図2**〕。

大量にお酒を飲むと、肝臓で分解されるまでエタノールやアセトアルデヒドが体内に残ってしまい、なかなか酔いがさめません。個人差もありますが1時間で分解できるアルコール量は体重×0.1g程度とされます。

アルコールをアセトアルデヒドに分解

▶ アルコールが分解されるまで〔図1〕

アルコールは肝臓で酢酸にまで分解され、最終的に水と二酸化炭素に分解される。

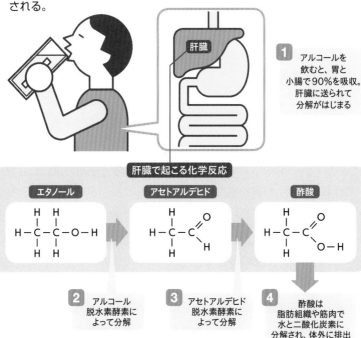

1 アルコールを飲むと、胃と小腸で90％を吸収。肝臓に送られて分解がはじまる

肝臓で起こる化学反応

エタノール

アセトアルデヒド

酢酸

2 アルコール脱水素酵素によって分解

3 アセトアルデヒド脱水素酵素によって分解

4 酢酸は脂肪組織や筋肉で水と二酸化炭素に分解され、体外に排出

▶ 酵素とは〔図2〕

体内で起こる特定の化学反応を促進する物質。酵素はある決まった物質にしかはたらかない性質をもつ（基質特異性）。

体内のおもな消化酵素

酵素名	酵素の特徴
アミラーゼ（唾液）	デンプンを麦芽糖などに分解する。
ペプシン（胃）	たんぱく質をペプチドへ分解。
リパーゼ（すい臓）	脂肪を脂肪酸とグリセリンに分解。
スクラーゼ	ショ糖をブドウ糖と果糖に分解。
ペプチターゼ	ペプチドをアミノ酸に分解。

違法薬物は
なぜ人体に効く?

なるほど! 脳の関所「**血液脳関門**」をすりぬけて、
中枢神経に作用するから!

違法薬物にはさまざまな種類があります。神経を興奮させる覚醒剤、コカイン。神経を抑圧し陶酔感をよぶアヘン、モルヒネ、ヘロイン。幻覚・興奮などを引き起こす大麻、LSDなどです。

これらは**いずれも脳に作用します**。脳は生命活動の司令塔ともいえる大事な機関なので、**脳に至る血管には、「血液脳関門」と呼ばれる"関所"があります**。異物が簡単に入りこまないように、脂肪の膜があるのです。ところが、ここをすりぬけられるものがあります。**アルコール、ニコチン、そして違法薬物**です。

例えば違法薬物のひとつ、覚醒剤として使われる**メタンフェタミン$C_{10}H_{15}N$**があります〔**図1**〕。メタンフェタミンは脂質に溶けやすい物質で、脂溶性物質は容易に血液脳関門を通過するのです。

脳に入りこんだメタンフェタミンは、**中枢神経のドーパミンの量を増やす作用**をします。ドーパミンは快感の原因となる神経回路を活性化する物質で、強い興奮が起こります。これがくり返されると、ドーパミンが枯渇し、覚醒剤を使用していないときの落ちこみがひどくなります。

ヘロインは、モルヒネ（➡P120）からつくったドラッグです。モルヒネを変化させ、血液脳関門を通過しやすくしたものです〔**図2**〕。

違法薬物は脳に作用する

▶ メタンフェタミンとは〔図1〕

1885年長井長義が麻黄からエフェドリン（→P120）の取り出しに成功。そして1893年に同じく長井氏がメタンフェタミンを合成した。

エフェドリン

麻黄からつくられるせき止め薬・風邪薬。交感神経を興奮させる。現在は薬効をマイルドにし、メタンフェタミンに転換できないものが使われる。

メタンフェタミン

当初はぜんそく治療薬・疲労回復薬として販売されたが、乱用は習慣性・中毒症状が生じるため、1951年に「覚醒剤取締法」により使用制限。

▶ ヘロインとは〔図2〕

アヘンから取り出し強い鎮静作用を有する物質がモルヒネ。モルヒネを変化させ、血液脳関門を通過しやすくしたものがヘロイン。

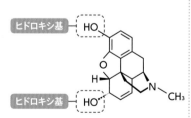

モルヒネ

ヒドロキシ基

ヒドロキシ基

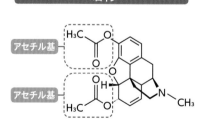

ヘロイン

アセチル基

アセチル基

モルヒネのヒドロキシ基※を、アセチル基に置き換えることでヘロインになる。ヘロインはさらに強い依存性がある。

※ヒドロキシ基…酸素原子1個と水素原子1個が結合した原子団。水酸基とも呼ぶ。

18 酢ってどうして すっぱいの?

なるほど! 水素イオン（H⁺）を生む酸が含まれていると、食べ物はすっぱくなる!

　酢がすっぱい理由。「酸」っぱいの文字通り、**酸を含むから**です。**酸とは、水素イオンH⁺を生じる物質です**。すっぱい味は、舌にある味蕾の酸味の味細胞に水素イオンがつくことによって感じられます。酢には酢酸 CH_3COOH が含まれ、酢酸の一部が水溶液中で、H^+ と酢酸イオン CH_3COO^- に電離（物質が水に溶けて陽イオンと陰イオンに分かれること）しているのです。**水素イオンが存在するすっぱい水溶液の性質を「酸性」といいます**〔図1〕。

　酸性の度合いは電離のしやすさによって異なり、例えば**酢は弱酸性、塩酸や硫酸は強酸性**です。一般的な酢の場合、酢酸分子100個に対して水素イオンも酢酸イオンも２個程度で、酢は食べても問題ありません。一方、強い酸は、間違っても触ったり口に入れたりしてはいけません。塩酸は、ほぼすべての分子から水素イオンが電離します。塩酸が皮膚につくと、水素イオンが組織のたんぱく質とくっつき、組織が凝固・壊死してしまうからです（化学熱傷）。

　酸の性質の活用例として、身近なところでは酢漬けがあります。酢のpH（水素イオン濃度指数）はだいたい2.6〜3.3の酸性で、微生物が増えるのを抑えます。**食べ物を酢につけて酸性にすることで、細菌の増殖を抑えて保存する**昔からの工夫なのです〔図2〕。

酸の性質で食品を保存

▶ 酸性とアルカリ性〔図1〕

水に溶かすと水素イオンを生じる物質を酸、水酸化物イオンを生じる物質をアルカリ（塩基）と呼ぶ。水素イオンの濃度はpHで表される。

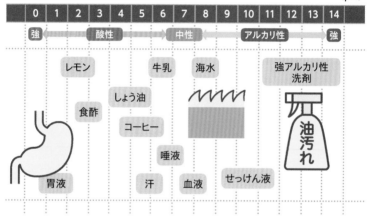

日常の酸性物質とアルカリ性物質　　　　　　　　　　　　　　（pH）

| 0 | 1 | 2 | 3 | 4 | 5 | 6 | 7 | 8 | 9 | 10 | 11 | 12 | 13 | 14 |

強 ←　酸性　→ 中性 ← アルカリ性 → 強

レモン　牛乳　海水　強アルカリ性洗剤

しょう油

食酢　コーヒー

唾液

胃液　汗　血液　せっけん液

酸の共通の性質
- 亜鉛などの金属と反応して水素H_2を発生。
- 青色リトマス紙を赤色に変える。
- アルカリと反応して性質を打ち消す（中和）。

アルカリ（塩基）の共通の性質
- 手につけるとぬるぬるする。
- 赤色リトマス紙を青色に変える。
- 酸と反応して性質を打ち消す（中和）。

▶ 酸っぱい食べ物は保存食〔図2〕

細菌など微生物の増殖はpHによって左右される。pH2.5前後の酢に漬けて細菌の増殖を抑えて、食べ物を酸性にして長持ちさせる工夫は古くからある。

酢だこやピクルスは酢の力で保存。

19 焼き芋は なぜ甘くなる?

β-アミラーゼにより、熱せられた芋の
デンプンが糖に変化して甘くなる!

　サツマイモって、焼き芋にすると甘くなっておいしいですよね。どうして焼き芋にすると、甘さがアップするのでしょうか?　それは、**サツマイモには酵素のβ-アミラーゼが豊富に含まれているから**です。β-アミラーゼがデンプンを分解(加水分解)し、できた**麦芽糖(マルトース・二糖類)が焼き芋を甘くしている**のです。

　β-アミラーゼは、生のデンプンを糖にすることができません。水分とともに加熱された、糊化(➡P12)したデンプンしか分解しないのです。サツマイモは、焼くことでデンプンが糊化し、β-アミラーゼがデンプンを糖に変えるため甘さをアップしています。

　β-アミラーゼは60〜65℃のときに最もよくはたらき、75℃を超えるとはたらかなくなります。そのため、**β-アミラーゼが糊化デンプンを糖化して麦芽糖にする温度は、70℃付近が最適**と考えられています。サツマイモの内部温度が70℃くらいになる時間を長くしてじっくり焼くことで麦芽糖が多くなり、焼き芋の甘みは強くなります〔図1〕。

　ちなみに石焼き芋は、加熱した小石から出る遠赤外線が熱をサツマイモの内部にゆっくり伝えます。2時間ほどかけて焼きあげるため、より甘くなるのです〔図2〕。

70度の低温で焼くとより甘くなる

▶ サツマイモが甘くなるしくみ〔図1〕

サツマイモは、加熱するとデンプンが分解され、糖をつくり出す。

加熱すると
デンプンが分解！

デンプン

加熱していないデンプンは鎖同士がぎゅっと詰まっていて、酵素が入り込むことができない。

アミラーゼ

デンプンを加熱して糊化すると、鎖の間に隙間ができてイモの水分が入り込み、アミラーゼがはたらきやすくなる。

麦芽糖

アミラーゼがデンプンを細かく切ることで、麦芽糖などをつくり出して甘くなる。

▶ 温度域が大事?〔図2〕

糊化したデンプンを麦芽糖（マルトース）に分解するβ-アミラーゼが活発にはたらく温度は約70℃。焼き芋はイモの温度がこの温度域を時間をかけて上昇するため、麦芽糖が多く生成され、甘みが強くなる。

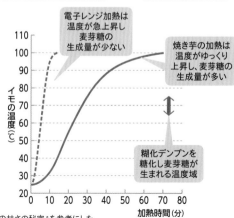

電子レンジ加熱は温度が急上昇し麦芽糖の生成量が少ない

焼き芋の加熱は温度がゆっくり上昇し、麦芽糖の生成量が多い

糊化デンプンを糊化し麦芽糖が生まれる温度域

出典：『化学と教育 67 巻 7 号「焼き芋」の甘さの秘密』を参考にした。

身近な疑問と化学のしくみ **1章**

20 なぜ果実は熟れると 甘くなるの?

なるほど! 果物が熟れると、**内部に糖が蓄積される**から。これらの糖は、**種類によって甘さが違う!**

　熟して食べごろの果実って甘いですよね。なぜ同じ果実なのに、未熟だと甘くなく、熟すと甘みが強くなるのでしょうか?

　甘さの主成分は糖類です。果物の甘みの主成分は**ショ糖**（スクロース $C_{12}H_{22}O_{11}$）、**果糖**（フルクトース $C_6H_{12}O_6$）、**ブドウ糖**（グルコース $C_6H_{12}O_6$）です。ちなみに、ショ糖はグルコースとフルクトースがつながったもので、白砂糖の主成分です。

　果物をつくる植物は、光合成で取り込んだ二酸化炭素をショ糖などの炭水化物に変換し、ショ糖は果実や根に蓄積されていきます。**成長すれば糖類の蓄積は多くなるため**、基本的に未熟の果実よりも、熟した果実の方が甘くなるわけです〔**図1**〕。

　果実の種類によって、糖類の割合や甘みの変化のしくみは異なります。例えばりんごの場合、生育期に糖類はデンプンとして蓄積され、**成熟するにつれてデンプンが分解されてショ糖が増え、すっぱい原因であるリンゴ酸が減少**しておいしくなっていきます。

　実は収穫後の果実も、生命維持のために呼吸を続けています。一部果実は、未熟なうちに収穫した後でも、呼吸が活発になって成熟が進む果実があり、**追熟型果実**と呼ばれます。りんご、バナナ、洋なし、マンゴーなどが該当します〔**図2**〕。

甘みをつくるさまざまな糖とその変化

▶ 光合成と糖類の蓄積 〔図1〕

光合成で分解された二酸化炭素がショ糖となって果実に蓄積していき、成長とともに甘みが増していく。

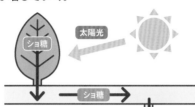

1 葉は太陽光と二酸化炭素を吸収して光合成を行い、ショ糖を生成。

太陽光

ショ糖

ショ糖

2 ショ糖や糖の原料などは茎を通って果実に移動。

ショ糖

3 果実のショ糖は、デンプンなどに形を変えて蓄積されることもある。

果実に含まれる糖類

ショ糖（スクロース）	**果糖（フルクトース）**	**ブドウ糖（グルコース）**
グルコースとフルクトースがつながった二糖類。白砂糖の主成分。	天然に存在する糖としてはもっとも甘い。単糖類。ハチミツの主成分。	人間のエネルギー源の単糖類。炭水化物は体内でグルコースまで分解・吸収する。

▶ 追熟型の果実 〔図2〕

収穫後の果実も呼吸を続けている。一部果実は収穫後でも呼吸が活発になって熟すものがあり、甘みや香りが増加し、果肉が軟化する。

追熟型の果実		**非追熟型の果実**	
収穫時にいったん果実の呼吸量は低くなるが、しばらくすると急激に呼吸量が上昇、おいしくなる。	●りんご ●もも ●洋なし ●バナナ ●アボカド ●マンゴー ほか	みかんなどは、収穫した後は果実の呼吸量が徐々に減少していく。	●みかん ●オレンジ ●レモン ●ブドウ ●イチジク ●サクランボ ほか

身近な疑問と化学のしくみ **1章**

21 油にはどうして 液体と固体のものがある?

なるほど! サラダ油など液体の油と、ラードなど固体の油では、**融ける温度＝融点が違うから!**

　油というと、ラードやバターなどの固体のものと、サラダ油やオリーブオイルのような液体のものとがありますね。同じ油なのに、固まっていたり液体になっていたりするのはなぜでしょうか?

　油脂には、動物性油脂と植物性油脂があります。動物性油脂のバターやラードなどは、常温で固まっています。植物性油脂のサラダ油などは、固まっていません。これは、**融ける温度＝融点が違うため**です。植物性油脂のオリーブオイルは融点が低いので常温で液体、動物性油脂のバターは融点が高いので固体なのです。

　この融点の違いは、**動物性油脂は飽和脂肪酸、植物性油脂は不飽和脂肪酸**を多く含むため。飽和脂肪酸の分子は直線構造ですが、不飽和脂肪酸の分子は曲がった構造をしています〔**図1**〕。バターなどの飽和脂肪酸は直線構造で、分子がすき間なく集まることができるため、分子間に引力（分子間力）がはたらき融点が高くなります。オリーブオイルなどの不飽和脂肪酸は、曲がった構造の分子があちこちに向いているため分子間力が弱くなり、分子は動きやすくなります。そのため液体になりやすく、融点が低くなります。

　不飽和脂肪酸でも、水素を加えると二重結合がなくなり固まりやすくなります。マーガリンなどがそれに当たりますね〔**図2**〕。

融点の違いで固体や液体になる

▶ 不飽和脂肪酸と飽和脂肪酸の違い 〔図1〕

油脂を構成する脂肪酸は2種類ある。動物性油脂は飽和脂肪酸を、植物性油脂は不飽和脂肪酸を多く含む。

飽和脂肪酸 飽和脂肪酸は直線構造。密度が高いため、融点が高く、固体になりやすい。

不飽和脂肪酸 不飽和脂肪酸は、二重結合で曲がっているため密度が低く、分子間力が弱い。融点が低く、液体になりやすい。

二重結合

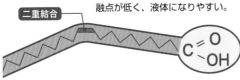

▶ マーガリンとは? 〔図2〕

不飽和脂肪酸の多い植物油に水素を加えると、固まりやすい硬化油となる。それがマーガリンだ。

常温で液体

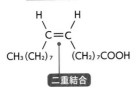

二重結合

オレイン酸などの不飽和脂肪酸の割合が高く、常温で液体の植物油に水素を加える。

水素を加える

常温で固体

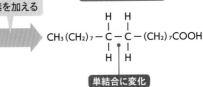

単結合に変化

飽和脂肪酸の割合を増すことができ、マーガリンなど常温で固体の油脂を製造できる。

Q はちみつを置いておくとできる "白いところ"って何?

| ブドウ糖 | or | 果糖 | or | 水分 | or | 蜂の卵 |

はちみつをしばらく置いておくと、瓶の底に白い粒が固まることがあります。これは、はちみつの成分が固まったもので食べても問題ないものなのですが、何の成分が固まったものなのでしょうか?

ジャリ…

　冬になるなど気温が低くなると、はちみつの中に白い粒ができたり、瓶の底に白いかたまりができたりすることがあります。この白い粒は、**溶けていた糖が気泡などを核に固まってできた結晶で、はちみつの結晶化という現象**です。はちみつの結晶化にはいくつかの条件が関わります。外気温が 15〜16℃以下になったとき、また振

動によって気泡ができるとそれが核となって結晶ができやすくなります。

　はちみつのおもな成分は、果糖、ブドウ糖、水分です。果糖とブドウ糖は同じ糖類ですが、果糖の多いはちみつ（アカシアなど）は結晶化しにくく、ブドウ糖の多いはちみつ（ナタネなど）は結晶化しやすくなります。**ブドウ糖が結晶化しやすいのは、溶解度が小さいから**です。

　物質が水に溶ける量は、物質の種類や温度によって変わり、100gの水に溶かすことのできる物質の限度量を**「溶解度」**といいます。

はちみつの白い結晶の正体

果糖は水に溶けやすく、結晶しない糖といわれ、ブドウ糖ははちみつが結晶化しやすいとされる。

温度	20℃	30℃	40℃
ブドウ糖	90	120	160
果糖	370	440	540

ブドウ糖と果糖の溶解度（g／水100g）

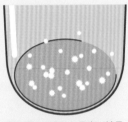

瓶の底にあらわれる白い結晶は、ブドウ糖の結晶である。

　果糖は水によく溶ける物質で、20℃で100gの水に370g溶けます。一方のブドウ糖は水にあまり溶けず、20℃で100gの水に90gしか溶けません。**温度が下がると溶ける量が少なくなっていくため、溶けきれなかったブドウ糖が結晶化して白い粒となってあらわれます**。ですので、答えは「ブドウ糖」です。

　ちなみに、温度を上げればブドウ糖の溶ける量は多くなります。結晶ができたはちみつは、容器ごと45〜60℃のお湯で湯煎すると、結晶を溶かすことができます。

実験を根づかせた近代化学の祖
ロバート・ボイル
（1627 - 1691）

　ボイルは、アイルランドの貴族の子として生まれた自然哲学者・化学者・物理学者です。幼いころはヨーロッパ各地でさまざまな学問に触れて、父の領地を継いだのちに22歳で突然科学の研究に目覚めます。まず、錬金術師兼医化学者のもとで実験の手ほどきを受け、28歳で研究者が集うオックスフォードに移住。多くの研究者たちと出会うことで、科学の最先端の知識を深めていきました。そして、実験や観察を試みてから、先入観をもたずに化学現象を検討する手法で研究に臨むようになったのです。

　17世紀当時は、錬金術師が金属を金に変えようと苦心していました（➡P100）。人々は、「物質は4つの元素からできている（四元素説）」といった古代ギリシャの哲学者アリストテレスの教えなど、先人が考えた思想から化学現象を理解しようとしていた時代でした。

　1661年ボイルは著書『懐疑的な化学者』で、物質は目に見えない粒子の集まりで、四元素説は実験事実に合わないと主張し、古くからの物質観を批判。たくさんの実験とそれにもとづく発見を成し遂げることで、実利的な錬金術から実験結果にもとづく学問・化学へと脱皮を行うきっかけをつくりだしたのです。

　そのため、彼は「近代化学の祖」と呼ばれています。

2章

もっと知りたい！
化学のあれこれ

「接着剤はなぜくっつく？」
「石けんはなぜ汚れを落とす？」など、身近な製品を中心に、
どんな化学のしくみがはたらいているのかを
くわしく見ていきましょう。

22 電子レンジはどうやって
食品を温めている?

マイクロ波で食品中の**水分子が激しく振動**し、
熱を発することで温めている!

電子レンジの日本の家庭での普及率はほぼ100%といわれます。
電子レンジは、電磁波によって食品を温める調理器で、**加熱方法は
水分子を激しく振動させること**。物質を構成する原子や分子の運動
が激しいほど、その物質の温度は高くなります。1945年、アメリ
カのスペンサー博士が作動中のレーダーの前にいたところ、電磁波
でポケット内のチョコレートが融けた現象から発明されました。

電子レンジでは、マグネトロンからマイクロ波(電磁波のひとつ)
が発せられます。多くの食品には水が含まれています。**マイクロ波
を食品中の水分子が吸収すると、水分子が激しく振動します**。電子
レンジのマイクロ波は約2.4GHz(ギガヘルツ)。つまり1秒間に
24億回、プラスとマイナスが入れ替わる振動になります〔図1〕。

酸素と水素の化合物である水H_2Oは、水素原子側がプラス、酸素
原子側がマイナスの電気を帯びた極性分子(→P32)です。そのため、
**マイクロ波の振動に合わせて高速度で水分子の向きが変わるので、
水分子が振動して、食品が温まるのです**〔図2〕。

ちなみに、電子レンジの扉には穴が空いています。マイクロ波が
電子レンジの外へ出ない…? と思いますが、電子レンジで使うマイ
クロ波の波長は約10cmあり、穴を通過できないから大丈夫です。

水分子が激しく動いて熱が発生

▶ 水分子を電磁波で動かす〔図1〕

電子レンジは、約2.4GHzのマイクロ波によって食品を温めている。

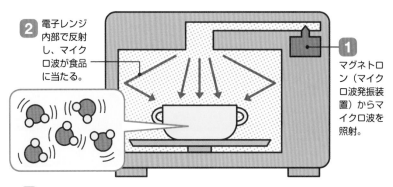

2 電子レンジ内部で反射し、マイクロ波が食品に当たる。

1 マグネトロン（マイクロ波発振装置）からマイクロ波を照射。

3 マイクロ波によって食品に含まれる水分子が振動し、温かくする。

▶ マイクロ波が当たった水分子の様子〔図2〕

極性分子である水分子にマイクロ波が当たると、水分子のプラスとマイナスの向きが変化して、食品に含まれる水分子が振動する。

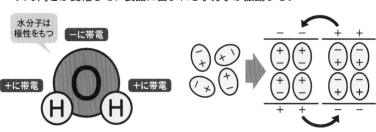

水分子は極性をもつ

−に帯電

+に帯電　+に帯電

水分子は折れ曲がっており、酸素原子が−に帯電、水素原子が+に帯電する。

マイクロ波が、プラスとマイナスの向きを交互に変化させて、極性分子である水分子を振動させる。

23 なぜ鉛筆で書いた字は消しゴムで消える？

 なるほど！ 可塑剤（かそざい）の入ったやわらかいプラスチックが、紙についた黒鉛を取り除くから！

鉛筆で書いて、消しゴムで消す。小さいころから慣れた作業ですが、なぜ書いた字は消しゴムで消えるのでしょうか？

まず最初に、実は**私たちが普段身近に使っている消しゴムは、「ゴム」ではありません**。正式には「**プラスチック字消し**」と呼ばれ、主原料は天然ゴムではなく**ポリ塩化ビニル樹脂**などです。ポリ塩化ビニル樹脂は固くて丈夫な素材です。これにフタル酸系のエステルなどの、プラスチックをやわらかくする物質（可塑剤）などを加えることで、私たちの知るやわらかい消しゴムとなっています。

鉛筆の芯は、炭素が積層した構造の黒鉛（炭素分子）を中心としてつくられています。黒鉛ははがれやすく、紙のミクロな引っかかりによってはがれ、紙の表面にのって線となります。**この線は紙にのっているだけなので、これを消しゴムでこすると、くっつきやすい消しゴムの方に移動**します。そして**消しカスとして包まれることで、きれいに紙から取り除かれる**のです〔**図1**〕。

一方、色鉛筆の芯は通常、黒鉛ではなく、おもに染料や顔料などの色成分とロウでできています。黒鉛と違い、紙にロウごと色成分が入り込み密着するので消えにくいのです。ペンによるインクも紙の繊維の中に染み込むので、消しゴムでは消せません〔**図2**〕。

消しゴムで紙上の黒鉛をはがす

▶ 消しゴムのしくみ〔図1〕

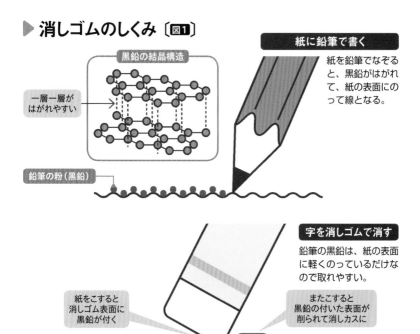

黒鉛の結晶構造

一層一層が
はがれやすい

鉛筆の粉（黒鉛）

紙に鉛筆で書く

紙を鉛筆でなぞる
と、黒鉛がはがれ
て、紙の表面にの
って線となる。

字を消しゴムで消す

鉛筆の黒鉛は、紙の表面
に軽くのっているだけな
ので取れやすい。

紙をこすると
消しゴム表面に
黒鉛が付く

またこすると
黒鉛の付いた表面が
削られて消しカスに

▶ インクが消えない理由は？〔図2〕

色鉛筆の成分やインクは、紙に染み込むので消
しゴムではとれない。

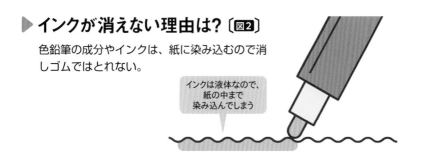

インクは液体なので、
紙の中まで
染み込んでしまう

もっと知りたい！ 化学のあれこれ **2**章

24 消せるボールペン。なぜ消せる?

なるほど! 紙とゴム状の物体がこすれることで起きる **摩擦熱**により、**インクの色を消している!**

消せるボールペンのインクは、なぜ消えるのでしょうか? その化学的成分は一般に公開されていませんが、**温度によって物質の結びつきの仕方を変える**ことで、インクの色を消しているのです。

消せるボールペンで書いた字を消すときは、ペンの先に付いたゴム状の物体で字をこすって消します。この消しゴム代わりとなるゴム状の物体は、消しカスを出しません。**紙とこすれて摩擦熱を出すことで温度をあげて、インクの色を消す**のです。

インクには発色剤と色を出す成分、そして調整剤が入っています。室温では、「発色剤」と「色を出す成分」が化学的に結びつき、インクが発色します。消せるボールペンは、インクが無色になる温度が60℃に設定されています。字をこすって摩擦熱でインクがある程度の温度まで上がると、「調整剤」がはたらき、発色剤と色を出す成分の結びつきを妨げ、インクを無色にするのです。紙に書いた「インクの色」を消すわけですね。なので、冷凍庫などで紙を冷やすと、一度消した文字の色が復活することがあります〔**右図**〕。

ほかにも、同様の原理により温度で色が変わるコップや、さらに別の原理で**温度で色が変わる繊維、書き換え可能なICカードなどの印字**にも、この技術が使われています。

摩擦熱でインクの色が消える

▶ 消せるボールペンのしくみ

消せるボールペンでは、書いた字をこするとその字が消える。これは、摩擦熱によって「インクの色」が消えるため。

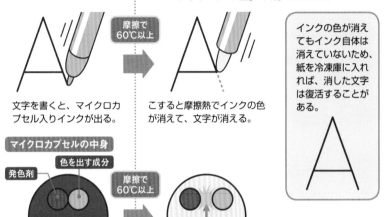

摩擦で60℃以上

文字を書くと、マイクロカプセル入りインクが出る。

こすると摩擦熱でインクの色が消えて、文字が消える。

インクの色が消えてもインク自体は消えていないため、紙を冷凍庫に入れれば、消した文字は復活することがある。

マイクロカプセルの中身

発色剤
色を出す成分

摩擦で60℃以上

変色温度調整剤

発色剤と色を出す成分が結びついて色が出る。

高温になると、調整剤が結びつきを妨げ、色が消える。

色があらわれたり消えたりする染料

ロイコ染料という有機化合物は、温度変化によって書き換えができるため、磁気カードやICカードの表示部に使われる。温度変化で「発色剤」と「色を出す成分」が離れることで構造が変化し、電子が動ける範囲が狭くなると色が消える。

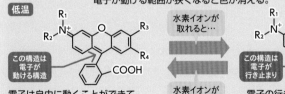

低温

この構造は電子が動ける構造

水素イオンが取れると…

水素イオンがつくと…

電子は自由に動くことができて、色があらわれる。

高温

この構造は電子が行き止まり

電子の行き止まりが生じて色が消える。

Q 血痕の調査「ルミノール試験」。 血痕はどんな反応をする?

| 固まる | or | 光る | or | 匂いが出る |

ドラマなどで警察が証拠品や犯行現場を調べるとき、血痕の有無を探す場面があったりしますよね。実際に鑑定では「ルミノール試験」という方法が使われますが、どんな形で血痕を見つけるのでしょうか?

「ルミノール試験」とは、警察の鑑識などが犯罪や事故現場の血痕を探し出したり、しみが血痕かどうか判定するのに使われる検査です。検査では、**ルミノールを溶かしたアルカリ性溶液と過酸化水素水の混合液を使います**。怪しいところに吹きつけると、血痕があった場合にその部分が反応します。血痕を拭き取っても検出でき、古

い血痕ほど反応が強くなります。

さて、その反応というと「青白く光る」反応です。固まったり匂ったりではないので、答えは「光る」になりますね。このように、**化学反応において光を放出する現象を化学発光**と呼びますが、ではなぜ血が光るのでしょうか？

ルミノール $C_8H_7N_3O_2$ は、3-アミノフタル酸ヒドラジドと呼ばれる化合物で、**酸化すると青白色の光を放つ物質**です。特に血液の場合、発光はとても強くなります。これは、血液のヘモグロビンなどが触媒（⮕ P162）となって酸化反応を急速に進めるためです。

ルミノール反応

血痕に含まれるヘモグロビンを触媒に、ルミノールが酸化して青白く化学発光する。

ケミカルライト

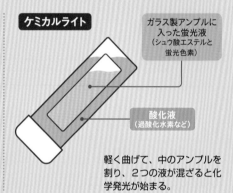

ガラス製アンプルに入った蛍光液（シュウ酸エステルと蛍光色素）

酸化液（過酸化水素など）

軽く曲げて、中のアンプルを割り、2つの液が混ざると化学発光が始まる。

ほかにも、夜釣りの浮きやコンサートの空間演出で使われるケミカルライトという光る棒にも、化学発光のしくみが使われます。

シュウ酸エステルと過酸化水素を混ぜると、高いエネルギーをもつ過酸化物が生まれます。これがエネルギーを放出するため、近くに蛍光物質を置いてエネルギーを吸収させ、この力で光るのです。蛍光物質の色を変えればどんな色でも発光できるため、さまざまな色のケミカルライトをつくることができます。

25 液晶って何？
なぜ映像が映る？

 液晶とは**液体**にも**結晶**にも似た物質の状態。電気を通して**光の透過率**を変え、映像を映す！

テレビやパソコンのディスプレイに使われる「液晶」。身近なものですが、どんな化学のしくみでできているものなのでしょうか？

分子の中には、液体のように流動性をもちながらも、結晶のように規則正しく並ぶ状態をとるものがあります。このように、**液体でありながら結晶に似た性質をもつ物質の状態のことを「液晶」**といいます〔**図1**〕。液晶は、1888年オーストリアの植物学者ライニッツァーが、植物の中から温度変化で不透明になったり透明になったりする物質を発見したことにはじまります。

液晶の分子は電気的な偏りをもつので、電圧をかけることで、上向き、右向きなどと、並ぶ向きを変えられます。例えば液晶ディスプレイでは、光源からの光の道に液晶を配置しています。電圧をかけて液晶の配置を変えることで、光を通さない向きと通す向きを制御し、光の透過率（明るさ）を変えているのです。

ただし、これだけでは光の色が変わらないため、さらに**特定の色だけを通すカラーフィルタを通過させることで、色を表現**しています〔**図2**〕。液晶分子に電圧をかける電極には、酸素・インジウム・スズの化合物が使われます。高い導電性と透明性をあわせもつ、液晶テレビやスマホに欠かせない素材です。

ディスプレイに使われる液晶

▶ 液晶とは? 〔図1〕

液晶は、液体と固体の中間のような物質の状態。

固体
（結晶）

分子が規則正しく並ぶ。

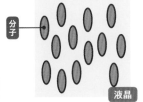

液晶

流動性をもち、規則正しく並ぶ。

液体

分子がバラバラで流動的。

液晶分子を電極で挟んで電圧をかけると、液晶分子の向きが変えられる。

向きが変わる！

電圧をかけると…

電極　電極

▶ 液晶ディスプレイのしくみ 〔図2〕

液晶分子の並びに電気を与えて変化させ、光の遮断・透過を制御して表示を行う（図はTFT液晶のしくみ）。

赤色表示するしくみ

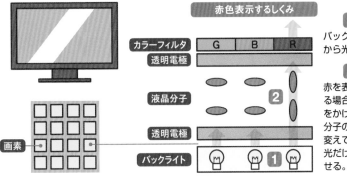

カラーフィルタ　G　B　R
透明電極
液晶分子
透明電極
バックライト

画素

1 バックライトから光が出る。

2 赤を表示させる場合、電圧をかけて液晶分子の並びを変えて、赤の光だけ透過させる。

26 接着剤って なぜくっつくの？

なるほど！ 密着するほど近づいたとき生じる**分子間力** （**ファンデルワールス力**）が接着の基本！

接着剤は、どうして物体同士をくっつけられるのでしょうか？

接着剤は基本的にすべて**液状**であることがポイントです。例えば、2枚のガラス板。かわいていたらはりつきませんが、表面に水をつけると、はりついて持ち上がりますよね。物質を構成する「分子」は、プラスとマイナスの電荷をもっています。**分子同士が近づくと、引き合う力が生まれます**。これを**分子間力（ファンデルワールス力）**といいます。

ものの表面は凸凹しているため、ぴったり接触させても分子レベルで見ると離れています。しかし水などの液体をつけると、凸凹が埋まって密着します。そうすると分子間力がはたらくのです〔**図1**〕。

しかし、水は流動性があるため、横にすべらせると簡単に外れてしまいます。それを防ぐには、**液体を固めることが必要**です。これが接着剤です。デンプンのりも、セメダインも、瞬間接着剤も、最初はどろどろしていますが、時間が経つとなかの水分が蒸発して固くなります。これが接着の基本となる「**物理的作用**」です。

実際の接着では、物理的作用のほかに、**機械的作用**（表面の穴に接着剤が入りこんで固まる投錨効果）や、化学反応による**化学的作用**も組み合わさって、強力な接着が行われます〔**図2**〕。

接着面で起こるさまざまな現象

▶ ものがくっつくしくみは?〔図1〕

0.0000003～5mmの距離まで接近すると、物体同士に分子間力（ファンデルワールス力など）がはたらいてはりつく（物理的作用）。

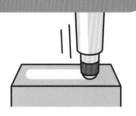

接着剤（液体）
紙
紙

1 接着剤は最初は液体だが…

接着剤（固体）
紙
紙

2 固体となって物体同士を接着する！

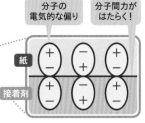

分子の電気的な偏り　分子間力がはたらく！

紙

接着剤

分子は電荷をもつため、電子の偏りからプラスとマイナスが引き合ってはりつく。

▶ 接着作用のいろいろ〔図2〕

接着剤でくっつけるときには、物理的作用のほか、機械的作用、化学的作用も複合的にはたらく。

機械的作用

紙などの表面の隙間に入り込んだ接着剤が固まり、錨の役割をする（投錨効果）。木材や繊維、革などの接着にも有効。

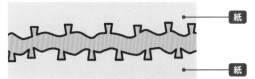

紙

紙

化学的作用

接着剤とそれぞれの物質との間で、化学反応が起こる。原子同士でお互いの電子を共有する共有結合をする場合も。

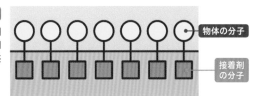

物体の分子

接着剤の分子

27 しわになりにくいシャツ。どんなしくみ?

 しわになりにくい**形態安定シャツ**は、
綿繊維に**橋をかけて補強**している!

しわになりにくいシャツは、どんなしくみなのでしょうか?

形態安定加工製品が市場に出回り始めたのは、1990年代に入ってから。ポリエステル100%の衣類は形態安定性をもちます。一方、綿などセルロース系繊維の衣服に対する、形態安定加工の代表的な方法のひとつは、**ホルマリン(ホルムアルデヒドCH_2O)によって綿繊維のセルロース同士に橋をかけるやり方**です。

綿繊維のセルロースは細長い分子でできていて、ゆるく結合しています。水分を吸うと結合がほどけてしまい、しわになったまま乾かすと、その形で分子同士が再結合し、しわが残ります。しかし**ホルマリンによる補強をする**ことで、折り曲げられても元に戻りやすくなり、縮みにくくなり、形も崩れにくくなるのです〔**図1**〕。

似たような性質に**形状記憶合金**があります。メガネのフレームなどに使われる、強く曲げても元の形に戻る合金です。普通の金属は曲げたら曲がったままになります。これは変形のとき、隣り合う金属原子のつながりが切れて、別の原子とつながるため。一方、**形状記憶合金は金属原子のつながりを保ったまま形を変えられる**のです。温めると元に戻る「形状記憶特性」と、曲げる力を抜くと元に戻る「超弾性」があり、メガネでは超弾性が活用されています〔**図2**〕。

ホルマリンでセルロースをつなぐ

▶ 形態安定シャツのしくみ〔図1〕

綿繊維のセルロース分子同士が強く結びついて変形しにくい。

普通の繊維

水を吸うと分子同士がバラバラになる。変形したまま乾くと分子同士がそのまま固定される。

分子

水を吸うとほどける弱い結合

乾くと変形した形で分子同士がくっつき、しわになる

形態安定加工

セルロース分子間に架橋をかけると変形しづらくなる。

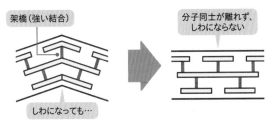

架橋（強い結合）

分子同士が離れず、しわにならない

しわになっても…

▶ 形状記憶合金とは〔図2〕

金属を曲げても、力を抜いたり、温めたりすると元の形に戻るものを形状記憶合金という。チタンとニッケル合金が広く使われる。

力を抜くと戻る超弾性のメカニズム

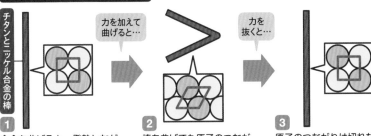

チタンとニッケル合金の棒

力を加えて曲げると…

力を抜くと…

1 合金を曲げると、発熱しながら原子のつながりが格子形の結晶からひし形結晶に変化。

2 棒を曲げても原子のつながりは切れず、つながったまま並びを変える。

3 原子のつながりは切れないため、力を抜くと吸熱しながら元の形に戻る。

もっと知りたい！ 化学のあれこれ **2章**

28 「さびる」ってどんなしくみ?

鉄はもともとさびた状態が安定なので、
酸化還元反応ですぐにさびてしまう!

　鉄製のねじを水に濡らして放置すると、赤褐色に変わってさびてボロボロになってしまいますよね。どうしてでしょうか?

　金属がさびるのは、**「酸化還元反応」**が関わっています。鉄がさびる反応では、鉄が酸化される（鉄原子が電子を失う）と同時に酸素が還元される（酸素原子が電子を受け取る）ことで、赤さびのもと＝水酸化第二鉄ができます。相手が酸素でなくても、金属から電子を受け渡しするような物質と結びついていれば、酸化還元反応は起こります〔**図1**〕。

　自然に起こる現象というものは、ものがその環境に応じた、より安定する物質に変わっていくことが多いです。例えば、鉄は地球上では酸化鉄などのさびた状態で産み出されます。人が使いやすい鉄の塊にするためには、溶鉱炉による精錬など多くのエネルギーが必要となります。**鉄にとっては、地球上ではさびた状態こそが安定で自然な状態**なので、環境が整えばすぐに戻ってしまうのです。

　ですので、鉄などは隙あらばさびた状態に戻ろうとするため、隙を見せてはいけません。酸素や水などの原因に触れさせないよう、**さび防止の塗料**や、より安定な金属による**メッキ**〔**図2**〕、既に酸化して安定した酸化物そのものなどでおおって隠すことになります。

酸化されやすさを知って利用する

▶ 鉄がさびるとは〔図1〕

鉄表面に水と酸素があるとき、化学反応で鉄を浸食するのが「腐食」。腐食によって溶け出した鉄から生じた「酸化鉄」が赤さびの正体だ。

鉄　　　　　酸素　　　　　水　　　赤さび

化学式だと…

1 $Fe + 1/2O_2 + H_2O \Rightarrow Fe(OH)_2$

鉄　　　　　酸素　　　　水　　　水酸化第二鉄

酸化と還元が起きて（酸化還元反応）、水酸化第二鉄ができる。

| 酸化 | $Fe \Rightarrow Fe^{2+} + 2e^-$ | 鉄から電子が出て、鉄イオンに（酸化反応） |

鉄イオン

| 還元 | $O_2 + 2H_2O + 4e^- \Rightarrow 4OH^-$ | 酸素と水と電子が反応し水酸化イオンに（還元反応） |

水酸化イオン

2 $2Fe(OH)_2 + H_2O + 1/2O_2 \Rightarrow Fe(OH)_3$

水酸化第二鉄　　　水　　　酸素　　　水酸化第三鉄（赤さび）

水と酸素と反応して赤さびができる。

▶ トタンメッキのしくみ〔図2〕

屋根などで見られるトタンメッキ。トタンは鉄よりも酸化しやすい亜鉛がコーティングされており、鉄をさびからガードする。

傷がついても亜鉛が先に腐食し、鉄のさびを防止

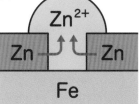

Zn^{2+}

Zn

Fe

鉄に高温の亜鉛Znを浸し、表面に皮膜をつくることを亜鉛メッキと呼ぶ。

傷がついても外側の亜鉛の方が先に酸化されやすく、基材の鉄はさびにくい。

もっと知りたい！ 化学のあれこれ **2**章

29 水中ボンベって、空気を入れてるだけ?

なるほど! 深海の場合は普通の空気ではダメ。
窒素酔いしないため貴ガスが入っている!

　水中で息ができる水中ボンベ。地上の空気の成分は窒素約80%、酸素約20%で、ボンベにもこれと同じ成分の空気が圧縮して入っています。しかし深海潜水用のボンベは違います。深海で地上と同じ空気を吸ったら、窒素酔いという**潜水病**になりかねないからです。

　窒素酔いとは、窒素が血液中に多く溶け込み、思考力や運動能力が鈍くなる症状。気体は高圧にすると液体に溶けやすくなる性質があります。水深10m以上の潜水をすると、深海の水圧を受けて血圧が高まり、水面にいるときより窒素が血液中に溶け込んでしまうのです。深海から急浮上すると**減圧症**のリスクもあります〔**図1**〕。

　それを防ぐため、**深海潜水用ボンベには窒素の代わりに、ヘリウムやアルゴンといった貴ガスが使われます**。

　貴ガスとは、元素周期表の18族に属し、ほかの物質と反応しにくい元素からなるガスです。不活性ガスとも呼ばれます〔**図2**〕。深く潜水しても、貴ガスは体内で血液にほとんど溶けることもないので、潜水病を避けられるのです。

　ちなみに、ほかの物質と反応しにくい貴ガスは、日常のさまざまな場所で使われます。例えば、ヘリウムは空気より軽く、火に近づけても燃えないため、風船や気球など浮揚ガスに使われています。

不活性なため重宝する貴ガス

▶ 潜水病とは〔図1〕

深く潜ろうとするときに起こる「窒素酔い」と、浮上したときに起こる「減圧症」がある。

窒素酔い

圧力が高まったことにより、血液中に窒素が多量に溶け、思考力と運動能力が鈍る。

潜ると…

水圧が高くなり、血液に窒素が溶け込み窒素酔いに

血液

減圧症

圧力低下により、血液に溶けていた窒素が気泡としてあらわれる。気泡が細い血管をふさぐ場合もある。

急浮上すると

急浮上で窒素は血液に溶けていられなくなり、気泡に

溶け込んだ窒素

▶ 貴ガスとは〔図2〕

周期表の右端の18族の元素のこと。化学的に安定し、ほかの物質と反応して化合物をつくりにくいため、不活性ガスと呼ばれる。

H																	He
Li	Be											B	C	N	O	F	Ne
Na	Mg											Al	Si	P	S	Cl	Ar
K	Ca	Sc	Ti	V	Cr	Mn	Fe	Co	Ni	Cu	Zn	Ga	Ge	As	Se	Br	Kr
Rb	Sr	Y	Zr	Nb	Mo	Tc	Ru	Rh	Pd	Ag	Cd	In	Sn	Sb	Te	I	Xe
Cs	Ba		Hf	Ta	W	Re	Os	Ir	Pt	Au	Hg	Tl	Pb	Bi	Po	At	Rn
Fr	Ra		Rf	Db	Sg	Bh	Hs	Mt	Ds	Rg	Cn	Nh	Fl	Mc	Lv	Ts	Og

18族

代用的な貴ガス ヘリウムHe

無味無臭で水素についで軽い気体。血液に溶けにくく、酸素＋ヘリウム混合ガスは深海潜水ほか医療用にも使われる。

もっと知りたい！ 化学のあれこれ **2章**

30 消火器の粉は なぜ火を消せる?

なるほど！ 燃えるものと酸素を遮断する**窒息消火**、
燃焼の連鎖反応を妨げる**抑制消火**で消す！

　火事のときに活躍する消火器。どんなしくみで火を消すのでしょうか？

　消火器にはさまざまな種類がありますが、建物などに設置してあるものは**ABC粉末消火器**が多く、実際に使うとピンク色の粉が出ます。ABCとは、木や紙が燃える普通火災（A火災）、天ぷら油などが燃える油火災（B火災）、電気設備などによる電気火災（C火災）のすべてに対応できることを指しています。例えば、電気火災で水など電気を通すものをかけてしまうと、感電の危険が上がってしまいます。それぞれの火事に対して、適した消火方法があるのです。

　炎をともなう燃焼は、①可燃物　②酸素　③高温の熱源　④燃焼の連鎖反応の4つの要素がそろうと起こります。消火とは、この4つの要素のどれかを取り除くということになります〔**図1**〕。ABC粉末消火器では、粉末を吹きかけて、**窒息消火**と**抑制消火**によって火を消します。

　窒息消火は、燃えるものの表面を粉でおおうことで酸素の供給を止めること。抑制消火は、粉末の主成分リン酸二水素アンモニウムにより、燃焼中に起きる酸化の連鎖反応を断ち切ることで、燃焼の連鎖反応を止めて消火するしくみです〔**図2**〕。

消火＝燃焼の要因を取り除く

▶ 燃焼と消火〔図1〕

燃焼は可燃物、酸素、高温の熱源、燃焼の連鎖反応の4要素がそろうと起こり、消火とはそれらのどれかを取り除くこと。

4要素がそろうと炎は燃え続ける

1	**2**	**3**	**4**
可燃物	酸素	高温の熱源	燃焼の連鎖反応

4要素のいずれかを取り除けば火は消える！

除去消火	**窒息消火**	**冷却消火**	**抑制消火**
まわりから燃えるものを除く方法	酸素と燃える物が触れないようにする方法	燃えているものから熱を奪う方法	燃焼の過程を進ませる、化学的に活性な物質を抑えることで、燃焼の連鎖反応を妨害

▶ ABC消火器のしくみ〔図2〕

ABC消火器は普通火災、油火災、電気火災に対応できる消火器。化学物質を含んだ粉を吹きかけて、窒息消火と抑制消火を行う。

窒息消火

炎を粉でおおうことで酸素の供給を断ち、消火を行う。

抑制消火

リン酸二水素アンモニウムの熱分解で生じるアンモニウムイオン NH_4^+ が、燃焼で生じるヒドロキシ基など、高反応の物質にくっついて燃えないようにし、消火を行う。

もっと知りたい！化学のあれこれ **2章**

Q 雪を溶かすときって、何をまいている？

| 砂糖 | or | 塩 | or | 小麦粉 |

雪が降って積もったとき、そのまま凍ってしまうと滑りやすく危ないですね。そんなとき、道路などに白い粉をまいて、雪や氷を溶かしています。さて、この融雪剤（ゆうせつざい）の成分って、何なのでしょうか？

　積もった雪や氷を溶かすために、道路や地面にまく薬剤を融雪剤といいます。融雪剤にはいろいろな種類がありますが、よくあるのは雪や氷と混ぜて溶けやすくする白い粉の融雪剤です。この粉で雪が溶けるのは、**「凝固点降下」**という現象によるものです。

　ある液体に食塩などの物質を溶かして溶液としたとき、元の液体

に比べて凝固点（液体が固体に変化する温度）が低くなることを「凝固点降下」といいます。例えば、氷に食塩をまくと、食塩は雪の表面の水に溶け込みます。この食塩水は融点が下がっているため再び凍ることはなく、まわりの氷をさらに溶かしていきます。つまり、**水は0℃で氷になりますが、食塩水は0℃でも氷にはならない**のです。

融雪剤と凍結防止剤は同じ薬剤です。雪道は雪が溶けて水になり、それが凍って氷の道になりますよね。薬剤をまけば、凝固点を0℃より低くして、凍りにくくすることもできるのです。

ということで、答えは「塩」です。融雪剤には、塩化ナトリウム（食塩）や塩化カルシウムが使われます。融雪剤には、塩だけでなく、尿素や窒素の水溶液も使われますが、凍結温度を下げるしくみは同じです。ほかにも、黒い炭の粉をまくタイプで、炭が太陽熱を吸収してまわりの雪を溶かすようなものもあります。

凝固点降下とは

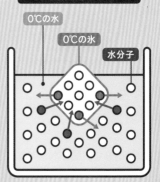

0℃の水に0℃の氷が浮かんでいる場合、見た目には変化がないようにみえるが、水から氷になる分子の数と氷から水になる分子の数が等しい状態。

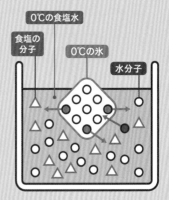

0℃の食塩水に0℃の氷が浮かんでいる場合、水から氷になる分子の数が多く、氷に溶け込む数が少なく、氷が溶けてしまう。

31 油汚れは石けんを使うとなぜ落ちる?

 石けんには**水と油の仲介**をする、
界面活性剤が入っているから!

皮膚や衣服に付着した油汚れ、水洗いしてもなかなか落ちませんよね。それは、**水が極性分子、油が無極性分子のため、混じり合わないから**です（➡P32）。お互いに混じり合わない性質のため、付着した油汚れを水で引き離すことができないのです。

私たちが使う固形石けんは脂肪酸ナトリウムという化学物質でできています。油汚れがきれいに落ちますよね。**石けんが、脂肪酸ナトリウム分子が水になじみやすい親水基と、油となじみやすい疎水基（親油基）の両方の性質をもつため**です〔**図1**〕。

石けんが水に溶けると、集合して親水基が外側、疎水基が内側となった球状の微粒子ミセルをつくります。石けんが油汚れに触れると、石けんの疎水基と油汚れがくっつきます。そして油汚れが表面からはがされ、ミセル内部に油汚れを引き込み、微粒子となって水中に分散し、油汚れを洗い落とすのです〔**図2**〕。このような作用を**乳化**と呼び、親水基と疎水基をもつ物質を**界面活性剤**と呼びます。

ちなみに、石けんはアルカリ性でたんぱく質を変質させる性質があるので、羊毛などの動物性繊維をぼろぼろにしてしまいます。また、石けんは硬水では洗浄力が落ちるという弱点がありますが、その弱点を改良した合成洗剤も使われています。

水となじむ親水基と油となじむ疎水基

▶ 親水基・疎水基とは〔図1〕

石けん=脂肪酸ナトリウムの分子は細長く、水になじみやすい部分（親水基）と水になじみにくい部分（疎水基）をもつ。親水基と疎水基をもつ物質を界面活性剤と呼ぶ。

石けん分子の構造

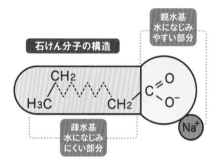

親水基
水になじみ
やすい部分

疎水基
水になじみ
にくい部分

水の中では親水基が
外側を向いて
球（ミセル）をつくる

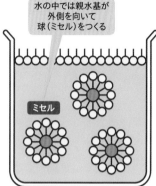

ミセル

▶ 石けんが汚れを落とすしくみ〔図2〕

石けんである脂肪酸ナトリウムが界面活性剤としてはたらき、汚れを落とす。

石けん分子

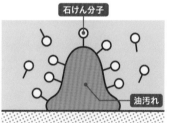

油汚れ

2 石けんの疎水基が油汚れと引き合い、汚れに疎水基がくっつく。

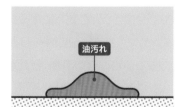

油汚れ

1 油汚れがつくと、水をはじくため、水では洗い流しにくい。

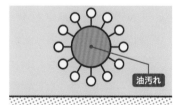

油汚れ

3 油汚れがミセル内部に引き込まれ、水中に分散する。

もっと知りたい！化学のあれこれ **2章**

32 「混ぜるな危険」は どう危険?

塩素系洗剤と**酸性洗剤**を混ぜると、
塩素ガス=毒ガスが出るので混ぜてはダメ!

「混ぜるな危険」と書いてある洗剤・漂白剤。絶対に混ぜてはいけないのですが、何が発生するのでしょうか?

「混ぜるな危険」になる代表的な組み合わせは、**塩素系洗剤**(がんこな汚れに効果)と**酸性洗剤**(水あかや黄ばみに効果)です。2つの洗剤を混ぜてしまうと、塩素系洗剤に含まれる次亜塩素酸ナトリウム $NaClO$ は、酸性洗剤に含まれる塩酸 HCl と反応して、**塩素ガスCl_2** を出します〔**右図**〕。この塩素ガスは、第一次世界大戦でドイツ軍が毒ガスとして使用した化学兵器。**目や皮膚、気道を腐食し、死に至ることもあります**。

なお、酸性の酢やレモン汁、クエン酸やシュウ酸などの**酸**も、塩酸ほど強力ではありませんが、塩素系洗剤と一緒に使うことは避けた方がよいでしょう。

同じような効能がありながら、あわせて使うと台無しになる組み合わせはほかにもあります。衣類ダンスに入れる樟脳$C_{10}H_{16}O$ とパラジクロロベンゼン $C_6H_4Cl_2$ とナフタレン $C_{10}H_8$ の場合、どれも固体から直接気体になる物質で、防虫効果があります。ところがこれらを併用すると液化してしまい、**せっかくの衣類がシミになったり変色したりする可能性がある**のです。

塩素ガスは毒ガスとして恐れられた

▶ 塩素ガスが出るしくみ

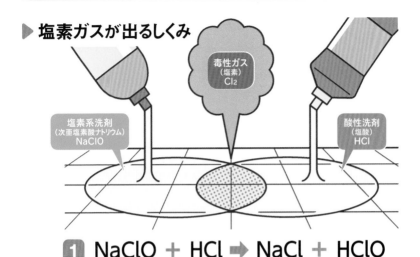

毒性ガス
（塩素）
Cl_2

塩素系洗剤
（次亜塩素酸ナトリウム）
$NaClO$

酸性洗剤
（塩酸）
HCl

1 $NaClO + HCl \rightarrow NaCl + HClO$

次亜塩素酸ナトリウム（塩素系洗剤） 　塩酸（酸性洗剤） 　塩化ナトリウム 　次亜塩素酸

酸素系洗剤に含まれる次亜塩素酸ナトリウムと、酸性洗剤に含まれる塩酸が混ざって反応すると、次亜塩素酸が生じる。

2 $HClO + HCl \rightarrow H_2O + Cl_2$

次亜塩素酸 　塩酸（酸性洗剤） 　水 　塩素ガス

1で生じた次亜塩素酸と酸性洗剤の塩酸が反応したら、塩素ガスが発生。

ほかの酸も混ぜたら危険？

酸と次亜塩素酸ナトリウムを混ぜるのも、塩素ガスが発生して危険。塩酸との反応により、家庭で死亡事故が起こっている。旅館の従事者が浴室洗浄時に次亜塩素酸ナトリウムとタイル汚れに効果があると聞いたシュウ酸（$H_2C_2O_4$）を混ぜて作業した結果、呼吸困難に陥り、約30日間の休業と診断された事例もある。

$$4NaClO + 2H_2C_2O_4 \rightarrow 2NaC_2O_4 + 2Cl_2 + O_2 + 2H_2O$$

次亜塩素酸ナトリウム 　シュウ酸 　シュウ酸ナトリウム 　塩素ガス 　酸素 　水

33 ペットボトルって そもそも何なの?

なるほど! 石油から生まれる**合成樹脂**。
リサイクル可能で織物製品にもなる!

ペットボトルって何からできているのでしょうか? ペットボトルのペット(PET)とは、**ポリエチレンテレフタラート**の略。石油から生まれるプラスチック(合成樹脂)です。プラスチックは合成高分子化合物を材料にできています。ナフサ(原油から得られる油)を分解してできるエチレングリコールとテレフタル酸を原料に、高温・高圧下で何回も化学反応を繰り返して(重合反応)つくられます〔**図1**〕。**この樹脂を融かし、金型に流し込んでふくらませたものがペットボトルです**。ちなみに、糸にして紡いだものは衣服に、フィルムにしたものは食品の包装材に使われます〔**図2**〕。

ペットボトルの開発は、アメリカの化学者ワイエスが「なぜ炭酸飲料のボトルはガラス製で、プラスチックが使われないのか?」と疑問に思ったことに始まります。ワイエスが当時のプラスチックボトルに炭酸飲料を入れて保管したところ、ボトルが膨らんでしまったのです。彼は頑丈なプラスチック素材を探し、1973年にポリエチレンテレフタラートにたどり着いたのです。

PET樹脂の特徴は、**リサイクル可能であること**。使用済みペットボトルを回収して細かく砕き、高温で溶かしてPET樹脂の繊維として生まれ変わり、軍手やモップ、作業着など織物製品が作られます。

PETの特徴を活かして飲料用ボトルに

▶PETとは〔図1〕

テレフタル酸とエチレングリコールを原料に、化学反応を繰り返し起こした「重合反応」でつくられるプラスチック（合成樹脂）の一種。

原料のモノマー　モノマーと呼ばれる、気体や液体の形で小さな分子が集まったもの。

テレフタル酸

$C_8H_6O_4$

エチレングリコール

$C_2H_6O_2$

重合反応で
ポリマーがつくられる

合成高分子化合物
（ポリマー）

モノマー同士がたくさんつながり、固体となった合成高分子化合物はポリマーと呼ばれる。

ポリマーをたくさん集めてPET樹脂に。ペレットという粒に加工し、溶かして繊維にしたり、ペットボトルに加工したりする。

PET樹脂のペレット

▶PET樹脂の使われ方〔図2〕

ペットボトル

PET樹脂のペレットを溶かしてペットボトルの形に加工。

繊維（学生服）

PET樹脂のペレットを溶かして繊維にして、繊維製品に加工。

たまごパック

軽くて耐寒性、透明性があるため食品容器に使われる。

089

もっと知りたい！化学のあれこれ 2章

34 どうやって臭いを消す？ 消臭剤の化学

なるほど！ 悪臭のもとになる分子を**酸化**したり**中和**したり、**吸着**したり**分解**したり…と、方法はさまざま！

　トイレやお部屋が臭うとき、消臭剤で消臭することがありますよね。**その消臭する方法のかなめは、悪臭を放つ分子を無くせばOK**。おもに4つの方法があります〔**右図**〕。

　1つ目は、**悪臭の原因分子に化学反応を起こし、別の分子に変えて臭いを消す方法**です。例えば、トイレの悪臭の原因となるアンモニアはアルカリ性物質です。それを中和したり、オゾンで酸化させたりすると無臭の物質となるので、消臭できます。

　2つ目は、**活性炭などに悪臭の分子を吸着させる方法**です。悪臭を放つ分子の多くは、窒素原子や硫黄原子を含みます。それらは活性炭の表面にくっつきやすい性質をもつため、活性炭に引っ付いて悪臭だけが取り除けます。活性炭には無数の小さな穴があるので、分子をたくさん吸着して消臭することができるのです。冷蔵庫の消臭によく使われる方法です。

　3つ目は、**バクテリアによって、悪臭の分子を二酸化炭素と水に分解する方法**です。4つ目は、**悪臭の分子と一緒になることで良い香りの物質に変換する方法**です。例えば、ジャスミンの香り成分の中には大便臭のするインドールを含んでいます。インドールをジャスミンに合成すると、良い香りに変わるのです。

悪臭分子を取り除いて消臭

▶ 悪臭を消すには?

悪臭の原因はおもにアンモニアや硫化水素、メカルブタン、トリメチルアミン。それらを無くすと、嫌な臭いが消える。

方法 1 中和や酸化還元などの化学反応で消臭

- 悪臭の分子が酸性・アルカリ性のときは、中和反応で消臭。トイレのアンモニア臭の場合、アルカリ性のアンモニアを酸性のクエン酸で中和すると、臭いが消える(下の化学式)。

- 悪臭の分子を酸化して無臭の分子にする方法も。アンモニアをオゾンで酸化すると窒素と水に分解され、臭いが消える。硫化水素は塩素系の物質で酸化すると、消臭できる。

$$3NH_3 + C_6H_8O_7 + 3H_2O \rightarrow C_6H_5O_7(NH_4)_3 + 3H_2O$$

| アンモニア (尿) | クエン酸 (ネコ砂) | 水 | クエン酸三アンモニウム | 水 |

方法 2 悪臭を吸着させて消臭

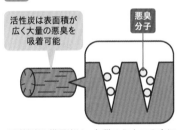

活性炭は表面積が広く大量の悪臭を吸着可能

悪臭分子

- 活性炭や備長炭は、無数のミクロの穴に空気中に漂う悪臭の分子を付着させて、消臭する。

方法 3 バクテリアが分解して消臭

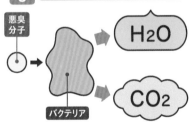

悪臭分子

H_2O

CO_2

バクテリア

- 善玉バクテリア(納豆菌の仲間など)は、悪臭の原因物質を二酸化炭素と水に分解して、消臭する(バイオ消臭)。

方法 4 悪臭を取り込んで良い香りに変えて消臭

- 例えば高濃度インドールは悪臭だが、低濃度では芳香となる。インドールは、ジャスミンの香りに含まれているため、ほかの分子を付加してジャスミンの香りに変えられる。

35 紙おむつはどうやって 水を吸収している?

「浸透圧」のしくみを使って、 網目構造に水を大量に蓄えている！

　紙おむつは、ポリアクリル酸ナトリウムなどの**高吸水性ポリマーで水分を吸収**します〔**図1**〕。高吸水性ポリマーは、紙おむつや生理用ナプキン、園芸、さらには魚の切り身のドリップ吸収や、増粘剤としての食品添加物など、さまざまなところに使われています。**高吸水性ポリマーは、分子構造の3次元の網目の中に水をとらえるため、蓄えられた水は押しても出ないという特徴があります**。だからこそ、寝返りをうってもおむつからもれ出す心配がありません。

　そもそも、なぜ水が高吸水性ポリマーに入るのでしょうか？　その理由は**「浸透圧」**にあります。浸透圧とは、濃度の異なる溶液が隣り合ったときに、濃いものが薄まっていく力です。例えば、輪切りにしたきゅうりに塩をかけると、塩を薄めるためにきゅうりから水が出てきます。この、きゅうりの表面から水が出ようとする力が浸透圧です〔**図2**〕。

　高吸水性ポリマーは、水と相性がよいだけではなく、乖離してナトリウムイオンなどを放出できる構造をもっています。水はこのイオンを薄めようとして、どんどん中に入ってきてくれるわけです。

　ちなみに、尿ではなくて真水ならもっと吸収できますが、逆に濃い塩水だとあまり吸収できないようです。

網目状に多数の分子を結合させる

▶ 紙おむつのしくみ 〔図1〕

紙おむつには水を吸い込んでふくらみ、圧力をかけても水を外に出さない高吸水性ポリマーの粉末が入っている。

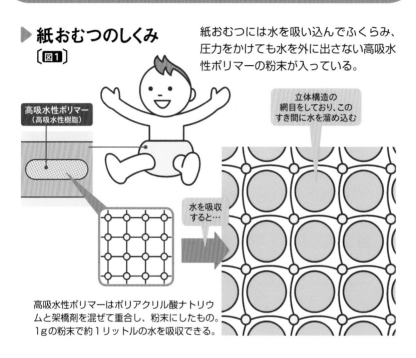

高吸水性ポリマー（高吸水性樹脂）

立体構造の網目をしており、このすき間に水を溜め込む

水を吸収すると…

高吸水性ポリマーはポリアクリル酸ナトリウムと架橋剤を混ぜて重合し、粉末にしたもの。1gの粉末で約1リットルの水を吸収できる。

▶ 浸透圧とは? 〔図2〕

浸透圧とは、2つの濃度が異なる水が隣り合わせのとき、濃度を一定に保とうとして水が移動する力。

水

高吸水性ポリマー

水

水

水

1 高吸水性ポリマーに水が入ると、高吸水性ポリマーは乖離してナトリウムイオンを放出し、ナトリウムイオン濃度が濃くなる。

浸透圧のため内から外へ水は移動しない

2 高吸水性ポリマーの外側はナトリウムイオン濃度が薄いので、水は濃度差をなくすため、外側から内側へ移動する。

もっと知りたい！ 化学のあれこれ **2章**

36 モノを溶かす「硫酸」が工業原料として重要?

 硫酸は危険ではあるがとても役に立つ物質。
食品添加物としても使用可能!

無色で粘度の高い液体・**硫酸 H_2SO_4** は、なんでも溶かしそうな怖い酸…というイメージがありますね。高濃度の硫酸は酸化力も高く危険ではあるものの、工業にとって非常に重要な原料なのです。

古来より硫酸は、**鉱物から目的の金属を溶かし出すリーチングや、染料の調合剤**として使われました。人が初めて硫酸をつくったのは8世紀。アラビア人の錬金術師がミョウバン(硫酸カリウムアルミニウムなど)という塩を乾留(蒸し焼きにして熱分解)してつくったそうです。手づくりのため、18世紀まで硫酸は高価なものでした。

硫黄Sと硝石KNO_3を燃やして、ガラス容器の内側についた硫酸を集める方法が長らく使われましたが、1746年イギリスのレーバックが**鉛室法**を開発。硫酸を得る原理はこれまでと同じですが、硫酸を大量生産&安価にし、硫酸の需要を広げていきました。現在は触媒を用いた**接触法**という方法による製造が主流です〔**図1**〕。

硫酸は塩酸や硝酸とはちがって、揮発しないという大きな特徴があります。ナイロン繊維工業、銅などの精錬に使われ、リン酸肥料、窒素肥料を含む肥料製造には、世界の生産量の半分程度に硫酸が使われています〔**図2**〕。さらに胃カメラの造影剤として硫酸バリウムが使用されます。

硫酸の用途と特性

▶硫酸のつくり方〔図1〕

現在、硫酸は接触法というやり方で量産されている。

接触法のイメージ

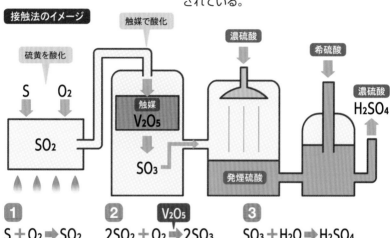

1
$$S + O_2 \Rightarrow SO_2$$
硫黄Sを燃やして酸化させ、二酸化硫黄 SO_2 にする。

2 V_2O_5
$$2SO_2 + O_2 \Rightarrow 2SO_3$$
二酸化硫黄を酸化させ、三酸化硫黄 SO_3 に。触媒に酸化バナジウム V_2O_5 を用いる。

3
$$SO_3 + H_2O \Rightarrow H_2SO_4$$
三酸化硫黄を濃硫酸に吸収させて発煙硫酸に。発煙硫酸と希硫酸中の水を反応させ、濃硫酸を得る。

▶硫酸の化合物の使われ方〔図2〕

「硫安」と呼ばれる肥料で硫酸アンモニウムのこと。葉や茎の成長に効果が高い。

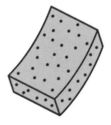

硫酸カルシウムは凝固剤として、こんにゃくの製造工程で使われる。

日頃使っているナイロン素材も硫酸を使ってつくられている。

もっと知りたい! 化学のあれこれ **2**章

37 私たちが使っている燃料「ガス」って何?

なるほど! 昔使っていた**石炭ガス**、現在使用する**LPガス**、**天然ガス**はすべて**化石由来の燃料**！

ふだんの生活で使っている燃料「ガス」の正体は何でしょうか?

1792年、スコットランドのマードックが石炭の蒸し焼きから発生する**石炭ガス**（一酸化炭素や水素が主成分）でガス灯を灯したのが利用のはじまりです。当初ガスは照明の燃料に利用されましたが、電灯が発明され、19世紀後半を境に照明は電気、熱はガスとすみ分けされていきました。いまや台所や風呂の熱源に欠かせません。

現在私たちが使用するガスは、**LPガスと都市ガス**です〔**図1**〕。ガスが入ったボンベで供給されるLPガス（Liquefied Petroleum Gas）は**液化石油ガス**という意味で、石油から取り出されたガス成分プロパンC_3H_8やブタンC_4H_{10}が主成分です。

ガス管を通して供給される都市ガスは、メタンCH_4が主成分の**天然ガス**（産出時に最初からガスとして出てくるガス）を利用しています。以前は都市ガスも石油を熱分解したガスを使っていましたが、昭和40年代後半、天然ガスを冷却・液体にすることで体積を小さくし、液化天然ガス（Liquefied Natural Gas/LNG）の形で輸送する技術の確立後は、天然ガスが主力となりました〔**図2**〕。

石炭、石油由来のLPガス、天然ガスはどれも大昔の生物の死骸が長い年月をかけて変化してできた**化石燃料**です。

ガスの種類と性質

▶ LPガスと都市ガス 〔図1〕

LPガスは石油由来プロパンが主成分、都市ガスは天然ガスを利用していて、どちらも化石燃料だ。

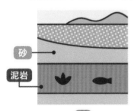

天然ガス

ガス管を通じて供給されるガス。メタンが主成分。空気より軽い。石油や石炭に比べると、燃焼時の二酸化炭素排出量が少ない。

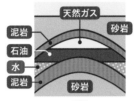

生物の死骸が地中に堆積し、長い年月をかけて泥岩中で圧縮される。

2

地熱で泥岩中の死骸が熱分解して石油と天然ガスが生まれ、泥岩の間にあるすき間の多い砂岩にたまる。

LPガス

ボンベ配送で供給されるガス。主成分のプロパン、ブタンは原油や天然ガスから分離して取り出す。空気より重い。

▶ 天然ガスを液体で運ぶのはなぜ? 〔図2〕

天然ガスは−162℃に冷却すると液化して、体積を600分の1に凝縮できる。1969年、東京ガスと東京電力は液化天然ガスの輸出入のしくみ開発に成功、現在は液化天然ガスの取引が世界規模で行われている。

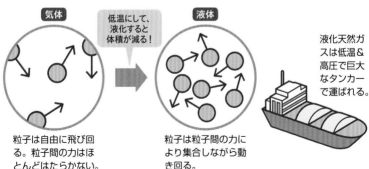

気体

低温にして、液化すると体積が減る!

液体

液化天然ガスは低温&高圧で巨大なタンカーで運ばれる。

粒子は自由に飛び回る。粒子間の力はほとんどはたらかない。

粒子は粒子間の力により集合しながら動き回る。

粘り強く放射線を研究した実験家

マリー・キュリー

（1867 – 1934）

マリー・キュリーは、元素のポロニウムとラジウムを発見したポーランド生まれの化学者です。物理教師の父親の影響で科学を学び、お金に苦労しながらも物理と数学で抜群の成績を収めてパリのソルボンヌ大学を卒業。卒業後に研究仲間のピエールと結婚。そして「ウランの放射線」の研究と出合います。

当時、体の中を透視する「X線」の発見に沸き立っていました。研究者はX線を調べる中で、ウラン鉱石から出る謎の放射線に気づきます。マリーはその謎を解くことを決意し、ピエールの発明した水晶電量計を使って、放射線を出しそうな鉱物を片っ端から調べました。その結果、マリーはウラン原子の内部から放射線が出ていること、ピッチブレンド鉱石からウランより強い放射線が出ていることを発見。強い放射線を出す未知の元素の存在を予測し、分離を試みます。

夫妻は粘り強い実験家でした。電量計で確かめながら数トンの鉱石を酸で溶かしていくことで、微量ながら新元素ポロニウムを発見。さらに、その残液からも新元素ラジウムを発見しました。この業績で夫妻はノーベル物理学賞を、マリーはノーベル化学賞を受賞します。当時は放射性元素の危険性がわからず、夫妻は放射性障害に苦しみましたが、放射線はがんの診断・治療、医療器具の滅菌に役立っています。

3章

なるほど〜とわかる
化学の
発見と発展

石炭、ガソリン、ゴム、合成繊維、鉄製品、医薬品…
どれも現代に欠かせないものですが、これらはどのように発見され、
人の生活を変えてきたのでしょうか?
この章では、そんな化学の発見と発展について触れていきます。

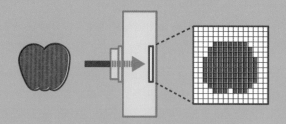

38 「化学」の出発点は 何だった？

なるほど！ 錬金術の実験がもたらした化学知識や 実験器具が、「化学」の出発点となった！

　化学＝chemistryという言葉の由来は、alchemy（錬金術）と されます。**錬金術とは、鉛や錫のような卑金属から貴金属＝金をつ くろうとする試み。**前2世紀に生まれて17〜18世紀まで、多くの 研究者に支持された、一種の技術・学問だったのです〔**図1**〕。

　錬金術師は、金を得るためにさまざまな実験を行いました。結局、 金は得られなかったものの、**その副産物として実用的な化学知識を たくさん発見しました。**錬金術師は実験室をもち、炉を中心にビー カー、フラスコ、蒸留器、るつぼ、乳鉢、ガラス瓶など、現代でも 用いる器具でさまざまな物質を熱したり蒸留したりしたのです。

　例えば、8〜9世紀アラビアのジャービルは実験を観察し、硝酸 や王水（金を溶かす酸）の製法をはじめ、鉄をサビから守る方法、 銅を燃やすと炎が青色になる炎色反応など、たくさんの化学知識を 書き残しています。また、16世紀にスイスのパラケルススは、錬 金術的な製法を用いて治療薬をつくり出しました〔**図2**〕。

　これら錬金術のもたらした実用的な化学知識や器具が、近代化学 の基礎をつくったのです。結局、1661年に錬金術はイギリスの化 学者ボイルにより否定されます。錬金術は次第に衰退し、実用技術 から「化学」という実験事実に基づく学問へと変わっていきました。

錬金術は卑金属を金に変える試み

▶ 錬金術とは 〔図1〕

卑金属から金などの貴金属をつくろうとする試み。前2世紀古代エジプトのアレキサンドリアで生まれたとされる。

錬金術の目的

「卑金属を金に変換する!」

Q なぜ変換できる?

A
物質は火、空気、水、土の4元素からできており（四元素説）、物質の違いは元素の割合の違いによる。なので、割合がわかれば金がつくれる!

Q 「賢者の石」とは?

A
金属の変換には賢者の石が必要とされた。錬金術師は石を得るために実験室で金属を溶かすなどの実験を行い、熱心に石を探し求めた

▶ 化学知識をもたらしたおもな錬金術師 〔図2〕

◆ ゾシモス 　3～4世紀

金属や鉱物に関する化学知識と経験をもち、多くの錬金術師から師と仰がれた。錬金術の百科事典全28巻をまとめた。

◆ ジャービル 　8～9世紀

錬金術などあらゆる学問の本を書き、硝酸や王水の製法など化学知識も記された。著書は翻訳され、西欧に影響を与えた。

◆ パラケルスス 　1493～1541年

医師であり、錬金術の研究から、鉄、水銀、ヒ素などの金属化合物を医薬品として使用。実験を重んじ、医化学の祖と呼ばれる。

39 すべての物質の元・原子。 どうやって発見された?

1803年の**ドルトンの原子説**が大きな契機。 それまでは**四元素説**が有力だった!

　地球上のすべての物質は、90種類ほどの極小の物質＝原子でつくられています。原子の直径はおよそ1億分の1cm。目に見えないほど小さい原子が、どうやって発見されたのでしょうか?

　古代ギリシャには**「万物は無数の粒、原子(アトム＝壊れない小さな粒)からできている」**と考えた哲学者がいました。ですが、17世紀までは**「物質は火、水、空気、土の4元素からできている」**という**四元素説**のほうが有力でした。近代まで化学者は、物質はどんな姿をしているのか、想像しながら研究をしてきたのです〔**図1**〕。

　古代ギリシャにあった原子説を体系化したのが、イギリスの化学者**ジョン・ドルトン**です。ドルトンは、どの高度で空気をとっても酸素や窒素が均一に混じり合っていることに疑問をもちました。本来なら地表に近い方が、窒素よりも重い酸素の割合が多くなるはずなのに…と考えたからです。この研究をきっかけに、1803年にドルトンは**原子説**を発表します〔**図2**〕。

　ドルトンの考えには誤りもありましたが、**「原子は種類によって大きさと質量が決まる」**と考えたことで、原子の理解が大きく進みます。原子の正確な大きさや質量が測られ、原子の構造も明らかになり、化学研究は大きな進歩を遂げたのです。

さまざまな「原子説」

▶ 物質は何からできている？〔図1〕

かつての物質観

提唱者	物質観
タレス （紀元前624〜前546年頃）	すべての根源は**水**
ヘラクレイトス （紀元前540〜前480年頃）	「永遠に生きている**火**」が万物のもと
エンペドクレス （紀元前490年〜前430年頃）	**火、水、空気、土**が万物のもと
デモクリトス （紀元前460〜前370年）	万物をつくるものは無数の粒で、一粒一粒はこれ以上、分けられない**原子**（アトム）

すべての物質は火、土、水、空気の四元素からなる！

▶ ドルトンの原子説〔図2〕

ドルトンは自身の原子説に基づき、さまざまな法則を予測した。

1 原子はそれ以上分けられない

2 原子は新しくできたりなくなったりしない

3 原子は種類によって質量や大きさが決まっている

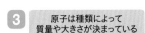

4 原子は別の原子に変わったりしない

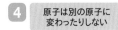

なるほど〜とわかる 化学の発見と発展 **3章**

40 化学研究の"地図"？「元素周期表」の発明

 元素をそれぞれの性質に注目して並べた表。未発見の元素を見つける手がかりになった！

スイ、ヘー、リー、ベ…と学校で覚える**「元素周期表」**。この表の発見が、実は科学の発展に大きな影響を与えたのです。

周期表は元素が原子番号の順に並んでいて、奇妙な形をしています。この形には意味があり、ほかの物質と化学反応しやすい・しにくいなど、**化学的性質の似た元素が縦に並んでいる**のです〔**図1**〕。

周期表の原型をつくったのは、ロシア人化学者のメンデレーエフです。メンデレーエフは、イギリス人化学者フランクランドが提唱した原子価を考慮しながら元素を重さの順に並べました。原子価とは、ある原子がほかの原子何個と結びつくかをあらわす、いわば「原子がもつ手の数」のこと。水素は1価で、炭素は4価です。**元素の重さと原子価を手掛かりに、メンデレーエフは元素を並べていきました**※。そしてこのとき、当てはまるものが無い場合は、まだ見つかっていない元素があるのだと予言して、空欄にしておいたのです。この予言は的中し、**空欄を埋める元素が次々に発見**されました。

周期表の発明によって、これまで未発見だった新しい元素を探しやすくなりました。また、似た化学的性質をもつ元素のつながりから研究手法を決めるなど、化学研究の「地図」の役割を果たしてきたのです〔**図2**〕。

※現在の周期表では、元素の陽子の数の順番に並んでいる。

周期表のおかげで新元素を発見

▶ 現在の元素の周期表〔図1〕

メンデレーエフの周期表とは並びのルールが異なるが、周期表の横の行を周期と呼び、縦の列を族と呼ぶ。

縦の列は「族」と呼ぶ（同じ族の元素は、性質がよく似ている）

横の行は「周期」と呼ぶ

	1族	2族	3族	4族	5族	6族	7族	8族	9族	10族	11族	12族	13族	14族	15族	16族	17族	18族
第1周期	H																	He
第2周期	Li	Be											B	C	N	O	F	Ne
第3周期	Na	Mg											Al	Si	P	S	Cl	Ar
第4周期	K	Ca	Sc	Ti	V	Cr	Mn	Fe	Co	Ni	Cu	Zn	Ga	Ge	As	Se	Br	Kr
第5周期	Rb	Sr	Y	Zr	Nb	Mo	Tc	Ru	Rh	Pd	Ag	Cd	In	Sn	Sb	Te	I	Xe
第6周期	Cs	Ba		Hf	Ta	W	Re	Os	Ir	Pt	Au	Hg	Tl	Pb	Bi	Po	At	Rn
第7周期	Fr	Ra		Rf	Db	Sg	Bh	Hs	Mt	Ds	Rg	Cn	Nh	Fl	Mc	Lv	Ts	Og

ランタノイド

La	Ce	Pr	Nd	Pm	Sm	Eu	Gd	Tb	Dy	Ho	Er	Tm	Yb	Lu

アクチノイド

1マスに複数の元素がまとめて入る

Ac	Th	Pa	U	Np	Pu	Am	Cm	Bk	Cf	Es	Fm	Md	No	Lr

▶ 周期表のここがすごい〔図2〕

空欄に新元素が入るのでは？

元素の性質がひと目でわかる

例えば、18族の貴ガスは化学反応しにくいなど、元素の位置によって化学的性質を予測できる。

新材料探しの手掛かりに

例えば、リチウムに代わる電池開発では、似た性質をもつ「他の1族の元素」を検討するなど、新材料探しの手がかりにも。

```
                    Fe＝56   R
            Ni＝Co＝59       F
9,4 Mg＝24   Zn＝65,2         C
 1  Al＝27,4  ?＝68           U
 2  Si＝28    ?＝70           Sn
 4  P＝31     As＝75          Si
 6  S＝32     Se＝79,4        T
 9  Cl＝35,6 Br＝80           C
 ?  K＝39    Rb＝85,4         C
    Ca＝40   Sr＝87,6         Ba
    ?＝45    Ce＝92
```

Q ドルトンが考えた元素記号。⊕は何の元素をあらわす?

| 硫黄(いおう) | or | 鉄 | or | 金 |

元素記号といえば、現在はアルファベットであらわされていますが、三角や丸、月などの絵だった時代もありました。イギリスの化学者ドルトンは元素記号を考案しましたが、⊕は何の元素をあらわしたものでしょうか?

現代の元素記号は、元素名の頭文字で示されています。しかしこの表記になるまで、いろいろな変遷がありました。

古代エジプトなどでは、金、銀、銅、水銀、鉄、錫(すず)、鉛の元素を記号で表すことがあったようです。そして中世の錬金術師が活躍した時代は、**元素記号に暗号や神秘的な意味をもたせた特殊な絵記号**

を使っていました。鉛を金（貴金属）に変える錬金術を生み出したとき、外部にその秘密がもれないようにするためです。

　18世紀になって元素の性質などが解明されていくと、**化学反応を示すことも必要**となりました。その合理的な方法として、フランスの化学者ハッセンフラッツは、元素の種類だけでなく分類も区別する簡単な図形に頭文字の記号を加えた記号を考えました。しかしそれでは書くのが面倒です。そこで1805年、**ドルトンが1個の元素を表す円に元素の種類を区別する記号を入れた、画期的な元素記号**を考案しました。

元素記号の変遷

たとえば硫黄の記号は⊕です。しかし、印刷に余分な費用がかかってしまうため、受け入れられませんでした。ということで、答えは「硫黄」です。

　その後、1813年にスウェーデンのベルセーリウスが、**ラテン語の頭文字を使った簡単に書ける記号**を考え出しました。これが今の元素記号の基となっています。現代ではギリシャ語や英語、ドイツ語などの頭文字の元素記号もあります。

※当時は「水」は元素とされていた。

41 紀元前から使われた？ 鉄の生産の歴史

紀元前より砂鉄などから鉄はつくられたが、18～19世紀ごろに大量生産がはじまった！

　現代社会にも欠かせない「鉄」ですが、紀元前から鉄は使われていました。**鉄鉱石や砂鉄から取り出していた**のですが（**直接製鉄法**）、例えばたたら製鉄の場合、酸化鉄を含んだ砂鉄と木炭を空気を送り込みながら加熱し、鉄を得ます。木炭と酸素から発生した一酸化炭素が酸化鉄から酸素を奪い（還元）、鉄を得るのです〔**図1**〕。ただ、これでは鉄は大量にはつくれませんでした。

　1709年、イギリスのダービー親子は、木炭のかわりに石炭を蒸し焼きにした**コークス**（➡P110）を使った製鉄に成功。鉄をつくる溶鉱炉（高炉）を大きくすることができ、蒸気機関による送風機も発明され、**大量に鉄をつくれるようになった**のです〔**図2**〕。

　ただしこの方法でつくられるのは、炭素を多く含む、硬くてもろい銑鉄です。これを「**鋼**」という強い鉄に変えるのが、1856年にベッセマーが発明した**転炉法**です。溶けた銑鉄に空気を吹き込み、銑鉄から炭素など不純物を燃焼除去する方法です。**間接製鉄法**といい、これで**大量の銑鉄から鋼の大量生産が可能**となりました。

　現在は、鉄溶鉱炉と転炉を組み合わせた**銑鋼一貫方式**を用いて鉄はつくられていますが、環境への負荷が高く、電気を使って鉄を溶かす電気炉を使った生産も拡大しています。

鋼鉄の誕生で広がった鉄の用途

▶ たたら製鉄のしくみ〔図1〕

酸化鉄を含む砂鉄と木炭を、空気を送りながら加熱することで鉄を得た。

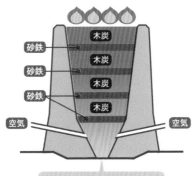

砂鉄
木炭
砂鉄
木炭
木炭
砂鉄
木炭
空気　　空気

最終的に底に鉧や銑鉄ができる

1 $2C + O_2 \rightarrow 2CO$

木炭と酸素から一酸化炭素を得る。

2 砂鉄 $Fe_3O_4 + CO \rightarrow 3\underline{FeO} + CO_2$

$\underline{FeO} + CO \rightarrow Fe + CO_2$ 鉄

一酸化炭素が砂鉄（酸化鉄）から酸素を奪い、鉄になる。たたらでは、木炭ではあまり高温にならないため、鉧の塊や銑鉄と呼ばれるもろい鉄が得られる。

▶ コークスによる 溶鉱炉のしくみ〔図2〕

コークスを使って加熱することで溶解炉（高炉）を大きくでき、鉄鉱石から大量に鉄を得ることができるようになった。

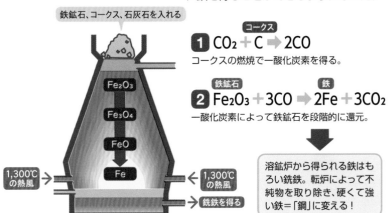

鉄鉱石、コークス、石灰石を入れる
Fe_2O_3
Fe_3O_4
FeO
Fe
1,300℃の熱風　　1,300℃の熱風
銑鉄を得る

1 コークス $CO_2 + C \rightarrow 2CO$

コークスの燃焼で一酸化炭素を得る。

2 鉄鉱石 $Fe_2O_3 + 3CO \rightarrow 2Fe + 3CO_2$ 鉄

一酸化炭素によって鉄鉱石を段階的に還元。

溶鉱炉から得られる鉄はもろい銑鉄。転炉によって不純物を取り除き、硬くて強い鉄＝「鋼」に変える！

なるほど〜とわかる 化学の発見と発展　**3**章

42 燃える石＝石炭の活用が エネルギー革命の発端？

なるほど！ 石炭を熱分解してできたコークスにより、製鉄業が飛躍的に発展した！

　現在もエネルギーのひとつとして使われる**"燃える石"石炭**。古くから暮らしの燃料や暖房には木や木炭が長く用いられてきましたが、鉄の生産（製鉄）、塩づくり、ガラスやレンガづくりといった工業が発達すると、燃料としての木材が深刻なほど不足しました。そこで、12～13世紀頃から**石炭の採掘が本格化**したのです。

　そして、イギリスの製鉄業者ダービーが、1709年に**石炭からより発熱量の高い物質・コークス**を取り出すこと成功します。石炭を約1,200℃で蒸し焼き（乾留）にするとコールタールや石炭ガスなどの成分が放出され、炭素90％超の固体「コークス」が残ります。**コークスを使って製鉄する方法が発明されたため、石炭の生産量は飛躍的に増えました**〔**図1**〕。

　また、1765年にはイギリスの発明家ワットが蒸気機関の改良に成功。蒸気をつくる燃料＝蒸気機関車などを走らせる燃料として石炭の需要はさらに高まり、機械と蒸気機関によって、工場によるいろいろな生産物の大量生産を可能としました。このように、**石炭は18世紀のイギリスの産業革命を支えた物質**ともいわれます。

　石炭は、地中の植物が地下の圧力と熱を受け、水素や酸素が揮発することで炭素量が増した物質で、地中より掘り出されます〔**図2**〕。

石炭の構造と分解

▶ 石炭を蒸し焼きにする〔図1〕

石炭の分子はとても大きく、炭素、水素以外に、酸素、窒素、硫黄などを含む。空気を断って熱分解すると、さまざまな有用な物質が得られる。

石炭を熱分解すると…

コールタール
黒色でねばりけのある油状の液体。医薬品や香料などの原料に

約5%

約25%

約70%

石炭ガス
石炭の高温乾留で得られる気体。水素やメタンからなる

コークス
粘結性の塊状の固体。質量の90%が炭素

▶ 石炭はどうやって生まれる?
〔図2〕

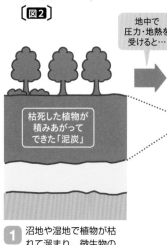

地中で圧力・地熱を受けると…

枯死した植物が積みあがってできた「泥炭」

2
泥炭は地面の熱や圧力によって石炭となる。

「褐炭」→「瀝青炭」→「無煙炭」と石炭化!

1 沼地や湿地で植物が枯れて溜まり、微生物のはたらきで泥炭となる。

石炭の種類	炭素含有量
褐炭 (かったん)	70〜78%
瀝青炭 (れきせいたん)	83〜90%
無煙炭 (むえんたん)	92%以上

石炭は、どれだけ石炭化されたか（炭素の濃縮度）によって分類される。

43 ゴムをめぐって争奪戦? 「熱加硫法」の発明

なるほど! 天然だと使いにくかったゴムが「熱加硫法」で使いやすくなり、列強の**産地争奪戦に発展**!

伸び縮みして弾力に富むゴム。身近な素材ですが、かつては**世界規模の争奪戦もあったほど重要な素材**なのです。

ゴムは**ゴムノキの樹液（ラテックス）**が原料ですが、樹液だけでは使い勝手のよいゴムになりません。18世紀後半は樹液を固めた生ゴム（天然ゴム）が使われていましたが、低温では硬くもろく、高温ではやわらかくベトつきます。そんな生ゴムを使いやすい弾性体につくり上げたのがアメリカのチャールズ・グッドイヤーです。

彼はたまたまストーブの上に生ゴムと硫黄を落としたことがきっかけで、生ゴムに硫黄をまぜる**熱加硫法**を1839年に発見。熱加硫法によって、温度や湿度に関係なく、**弾力や耐久性にすぐれる弾性ゴムがつくられた**のです〔**図1**〕。折しも産業革命から交通が発達した時代で、列車の揺れを吸収するためにゴムの需要が急速に高まっていました。そのため、ゴムノキの産地であるアフリカをめぐり、列強による植民地争奪戦の助長にもつながったといわれています。

1887年には弾性ゴムを用いて、イギリスのダンロップが**ゴムタイヤを発明**し、二輪車や自動車に使われました。チャールズの弟ネルソンは硫黄の量をさらに増やしてエボナイトを発明。現在でも、万年筆の軸や楽器のマウスピースに使用されています〔**図2**〕。

硫黄の力でゴムが弾力をもつ

▶ 熱加硫法とは?
〔図1〕

生ゴムに硫黄を混ぜると、架橋構造ができてゴム分子同士が結合。弾力が生まれ、現在のゴム製品の道を開いた。

未加硫ゴム 生ゴムは、伸ばすなど変形すると、元の形に戻らない。

伸ばす

放すと戻らない

加硫ゴム ゴム分子に架橋点ができて、変形しても元に戻る。

伸ばす

架橋点

放すと戻る

▶ 硫黄の量でゴムの性質が変わる〔図2〕

ゴムに混ぜる硫黄の量を調節することで、ゴムの性質は変わる。

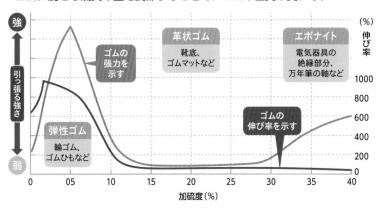

強

引っ張る強さ

弱

ゴムの張力を示す

革状ゴム
靴底、ゴムマットなど

エボナイト
電気器具の絶縁部分、万年筆の軸など

弾性ゴム
輪ゴム、ゴムひもなど

ゴムの伸び率を示す

(%)
伸び率

1000
800
600
400
200
0

0　05　10　15　20　25　30　35　40

加硫度(%)

なるほど〜とわかる 化学の発見と発展　**3章**

グラフ出典:『スクエア最新図説化学』(第一学習社)

44 食料不足を救った？人工の窒素肥料の発明

なるほど！ 「空気」を原料に**窒素肥料**をつくる手法で、**農業での大量生産**が可能になった！

　植物を育てるには、窒素Nを含んだ肥料も不可欠です〔**図1**〕。窒素はアミノ酸やたんぱく質の合成になくてはならない元素で、茎と葉の成長にも大きく作用します。古くから、**窒素肥料はチリ硝石（硝酸ナトリウム$NaNO_3$）という天然の鉱石に頼ったまま**でした。19世紀から急増し始めた人口を支えるためには、食料の増産＝農業生産の発展が急務。人工の窒素肥料をつくる必要があったのです。

　多くの植物が吸収できる窒素化合物は、硝酸イオンNO_3^-かアンモニウムイオンNH_4^+です。幸い空気中には窒素が豊富にあります。**空気中の窒素からアンモニアを合成する方法の開発**に、化学者が取り組み始めました。

　苦難の末、まずドイツのフリッツ・ハーバーが、オスミウムOsを触媒として、高温（1,000℃以上・現在の工程では500℃）高圧（200気圧）の装置の中で、**アンモニアの合成に成功**しました。その研究を受け継いだのがカール・ボッシュ。アンモニア合成のための触媒を、高価なオスミウムから酸化鉄に変更。圧縮機やポンプなども改良し、アンモニア製造法を確立したのです。この製造法は**「ハーバー・ボッシュ法」**とよばれ、**農業生産量を飛躍的に高めました**〔**図2**〕。現在も、窒素肥料は農業に不可欠です。

窒素肥料 (化学肥料)の合成法

▶ 農業に必要な肥料とは？〔図1〕

窒素、リン酸、カリは三大肥料と呼ばれ、農業には欠かせない。リン酸はリンと酸素の化合物、カリはカリウムと酸素の化合物。

窒素
葉肥。窒素は葉緑素などに含まれ、葉や茎の成長に欠かせない元素

リン酸
実肥・花肥。リンは核酸や酵素などに含まれ、開花・結実を促進する

カリ
根肥。植物の細胞の水分調節に関わる化合物で、根の成長を促進

▶ ハーバー・ボッシュ法とは？〔図2〕

鉄が主成分の触媒で、水素と窒素を400〜600℃の高温、200〜1,000気圧の高圧で直接反応させる。

ハーバー・ボッシュ法の工程

空気を液体化して得る

窒素ガス(N_2)

水素ガス(H_2)

石油系炭化水素から

400〜600℃の高温
200〜1000気圧の高圧

触媒
（四酸化三鉄Fe_3O_4）

冷却

窒素肥料などに

液体のアンモニア
（NH_3）

アンモニア合成の化学式

$$N_2 + 3H_2 \rightarrow 2NH_3$$

アンモニア

ハーバー・ボッシュ法では、加熱・加圧時にエネルギーを使い、大量のCO_2が発生するため、新触媒探しが進められている。

45 黒色火薬、ダイナマイト… 爆発物の進化の変遷は？

 なるほど! 火薬は10世紀頃に発明され、ニトロセルロース、ダイナマイトなどさまざまに研究されてきた！

　火薬は、10～11世紀の中国で発明されたとされます。硝石KNO₃、硫黄S、木炭Cを混合したもので、**黒色火薬**と呼ばれます。12世紀には武器として実用化され、13世紀にはヨーロッパに伝わりました。ただし、黒色火薬は水に弱く煙量が多いという欠点があり、さらに、爆破による鉱山の採掘には威力が不足気味でした。

　1845年、黒色火薬より爆発力が強く、煙量の少ない**ニトロセルロース**が発明されます。綿（セルロース）と、硝酸HNO₃と硫酸H₂SO₄の混合物を反応させたものです。さらに、1847年にアルコールの一種であるグリセリンを硝酸と硫酸の混合物と反応させ、**ニトログリセリン**ができます。強大な爆発力がありましたが、少しの刺激で爆発するため非常に危険でした〔右図〕。

　それを克服したのが、スウェーデンの**アルフレッド・ノーベル**でした。ニトログリセリンを珪藻土にしみこませて安定させ、起爆剤の小爆発で爆発を誘発するという画期的な方法を用い、1871年に**「ダイナマイト」**を発明したのです。

　現在は黒色火薬に代わり、ニトロセルロース、ニトログリセリンなどを用いた無煙火薬が主流です。鉱山でもダイナマイトに代わり、含水爆薬（硝酸アンモニウムが主成分）などが使われます。

さまざまな火薬の歴史

▶ おもな火薬のしくみ

黒色火薬とは

> 硝酸カリウム
>
> ＋
>
> 硫黄
>
> ＋
>
> 木炭
>
> ↓
>
> 3種の粉末を混ぜて
> 黒色火薬に！

硝酸カリウムの酸素が、木炭（炭素）と硫黄に結びついて燃焼。熱を発生させて急激に膨張し、爆発を引き起こす。

花火は黒色火薬を使用する。

ニトロセルロースとは

> 綿（セルロース）
>
> ＋
>
> 硫酸・硝酸の混合物
>
> ↓
>
> 浸すと
> ニトロセルロースに！

ニトロセルロースは、まわりに酸素がなくとも発火点に達すると勢いよく燃焼する。

鉄砲の発射薬に使われる。

ニトログリセリンとダイナマイト

> グリセリン
> （油脂に含まれる透明な液体）
>
> ＋
>
> 硫酸・硝酸の混合物
>
> ↓
>
> 処理すると
> ニトログリセリンに！

珪藻土　＋　ニトログリセリン

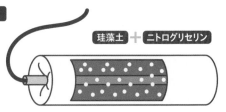

ニトログリセリンの液体はわずかな衝撃でも爆発する。ノーベルは、無数の小さな穴をもつ珪藻土にしみ込ませると衝撃で爆発しないことを発見し、ダイナマイトをつくった。

117　なるほど～とわかる 化学の発見と発展　3章

46 泡立つだけじゃない？「炭酸ソーダ」の功績

なるほど! 炭酸ソーダは石けんやガラスの材料になり、産業革命の頃に需要がすごく伸びた化学物質！

「炭酸ソーダ」と聞くと、しゅわしゅわ泡立つ飲料水を連想しますね。実は化学の世界では、炭酸ソーダは飲み物を指す言葉ではなく、古くから石けんやガラスの原料として重宝されてきました。

炭酸ソーダは、炭酸ナトリウムNa_2CO_3という苦い粉。炭酸ナトリウムは、掃除やお菓子づくりに使われる重曹（炭酸水素ナトリウム$NaHCO_3$）が、熱で分解されてできる物質です。炭酸ソーダは、石けんやガラスの原料として産業革命頃から飛躍的に需要が高まりました〔**図1**〕。フランスは炭酸ソーダの輸入をスペインに頼っていましたが、18世紀初めの戦争によって供給が絶たれます。困ったフランスは、炭酸ソーダの製法に懸賞金をかけました。そのとき、王家の主治医ニコラ・ルブランが、**海の塩から炭酸ソーダをつくるルブラン法を開発**。大量生産に道筋をつけました。

その後しばらくルブラン法が使われていましたが、製造時の環境問題が大きく、現在では**ソルベー法や電解法**〔**図2**〕、炭酸ソーダを多く含む**鉱床**から炭酸ソーダを生産しています。

ちなみに、ナトリウム（Natrium）はドイツ語ですが、英語ではソディウム（sodium）。炭酸ナトリウムや重曹といったナトリウム化合物の一部をソーダ（soda）と呼んでいました。

重宝された炭酸ソーダ

▶炭酸ソーダはガラスや石けんの原料 〔図1〕

炭酸ソーダは、干上がった塩湖などで採れる鉱物トロナ（重炭酸ソーダ石）が原料（天然の場合）。炭酸ソーダは、古くから現代でもガラス、石けんに加工されて、生活の中で使われている。

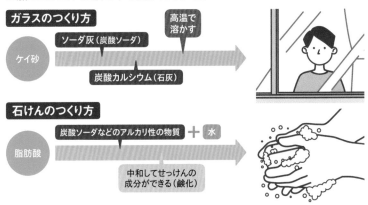

ガラスのつくり方

ケイ砂 ＋ ソーダ灰（炭酸ソーダ）／炭酸カルシウム（石灰） → 高温で溶かす →

石けんのつくり方

脂肪酸 ＋ 炭酸ソーダなどのアルカリ性の物質 ＋ 水 →
中和してせっけんの成分ができる（鹸化）

▶ルブラン法とソルベー法 〔図2〕

ルブラン法 食塩と硫酸から硫酸ナトリウムをつくり、コークスと石灰石を混ぜて過熱しして炭酸ナトリウムを得る。

$$Na_2SO_4 + CaCO_3 + 2C \Rightarrow Na_2CO_3 + CaS + 2CO_2$$

硫酸ナトリウム　石灰石　コークス　炭酸ナトリウム

ソルベー法 食塩水にアンモニアと二酸化炭素を混ぜて重曹（炭酸水素ナトリウム）を沈殿。これを加熱して、炭酸ナトリウムを得る。

$$NaCl + H_2O + NH_3 + CO_2 \Rightarrow \underline{NaHCO_3} + NH_4Cl$$

食塩　水　アンモニア　二酸化炭素　重曹／炭酸ナトリウム

$$2\underline{NaHCO_3} \Rightarrow Na_2CO_3 + H_2O + CO_2$$

47 薬草から薬を つくった理由は?

なるほど! 天然の薬草は、**薬効が不安定。**
有効成分を抽出し、**薬の効果が一定**になった!

　古来より、人は植物の中から病を治す薬となる「薬草」を探し出し、怪我や病気を治してきました。やがて、**薬草から抽出した成分をもとに、さまざまな薬を生み出すようになりました。**

　1805年ドイツの薬剤師ゼルチュルナーは、**アヘンから有効成分であるモルヒネを取り出す**ことに成功します。これが、薬草から有効成分を取り出したはじめての事例となりました。

　なぜ、草のままでなく有効成分を取り出すようになったのでしょうか?　アヘンは、ケシの実の果汁を乾燥させたものですが、天然物だと、産地やその年の生育により有効成分の含有量が一定でなく、薬効が不安定でした。そこで**有効成分のみ取り出すことで、薬が効く必要量を見極めて投与できるようになった**のです。

　ほかにも、キナノキから取り出したマラリアの治療薬キニーネ、麻黄から取り出したせき止め薬エフェドリン、ジギタリスから心臓治療薬ジギトキシンなどが抽出されています〔**図1**〕。

　化学の力で薬の改良も進みました。カワヤナギの樹皮から抽出した鎮痛剤サリチル酸には、胃痛などの副作用がありました。そこで副作用を抑えるため、アセチルサリチル酸を合成。これは鎮痛剤**アスピリン**として1899年から販売されています〔**図2**〕。

薬草の有効成分を薬として活用

▶ おもな植物由来の薬〔図1〕

古くより、植物から抽出した有効成分を原料に薬としてきた。

モルヒネ

アヘン（ケシの実）からつくられる鎮痛薬。依存性が高く、日本では麻薬に指定。適切に服用をすれば依存は起こらず、強い鎮静効果が期待できる。

キニーネ

キナノキからつくられるマラリア治療薬。マラリア原虫の増殖を止め、原虫を殺して治療する。昔から特効薬として重宝された。

ジギトキシン

毒草だが、薬草としても古くから用いられたジギタリスからつくられる薬。心臓の収縮力を強め、心不全などの治療薬に使われる。

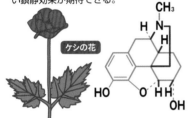

ケシの花

▶ アスピリンの合成〔図2〕

1897年ドイツの化学者ホフマンは、サリチル酸に無水酢酸を反応させて、アセチルサリチル酸の合成に成功。胃痛などの副作用を少なくした薬を合成した。

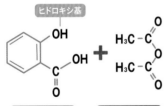

ヒドロキシ基

サリチル酸 ＋ 無水酢酸

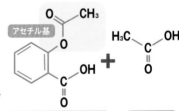

アセチル基

アセチルサリチル酸（アスピリン） ＋ 酢酸

1 ホフマンは、サリチル酸の酸性の強さが胃痛を引き起こすと考え、酸性を抑えるため「ヒドロキシ基」の置換を狙った。

2 そこでヒドロキシ基を「アセチル基」に置換。胃痛などの副作用の少ないアセチルサリチル酸を合成した。

48 「キニーネ」の合成が 世界の薬を発展させた？

 なるほど！ マラリアの特効薬・キニーネの研究過程が、ほかの薬をつくり出す創薬にも活かされた！

マラリアは人類の三大感染症のひとつで、世界の人口の半分がその脅威にさらされているといわれています。マラリアの特効薬として**キニーネ**$C_{20}H_{24}N_2O_2$という物質があります。これは、キナノキ属のアカキナノキなどの樹皮に含まれます。かつてイギリス人は植民地でのマラリア予防のため、苦いキニーネを飲みやすくするため、砂糖や炭酸を加えた**トニックウォーター**を生み出しました。現在も、強壮効果のある飲料水として飲まれています。

人々はこの特効薬を安定して入手するため、どうにか成分のみを抽出できないか、人工的にキニーネを合成できないかと努力を続けました。結晶を取り出すことに成功したのが1820年、**キニーネ分子の構造が解明されたのは1908年**。当時の水準からすると複雑すぎる構造でしたが、1944年にアメリカの化学者ウッドワードが、ついに人工的な合成を達成します〔右図〕。ただし、合成には手間がかかりすぎるため、この方法で合成されたキニーネが供給されるまでには至りませんでした。

しかし、こうして**生薬から成分を取り出す「創薬」が発展した**のです。現在でも、キニーネの効率的な合成法の模索や、キニーネ分子骨格をもとにした新しい医薬品の研究が行われています。

キニーネが全合成されるまで

▶ キナノキに含まれるキニーネ

南米の人々は、古くから南アメリカ原産の
アカキナノキの樹皮が、感染症マラリアに
効くことを経験的に知っていた。19世紀
に主成分キニーネの抽出に成功。現在では
キニーネの人工的な合成（全合成）も達成
している。

キナの樹皮

アカキナノキ

キニーネの歴史

1 1630年頃、イエズス会の宣教師
は樹皮がマラリアに効くことを知
って治療を行い、粉末化したもの
をヨーロッパに広めたとされる。

現在もキニーネを
含むトニックウォーターが
流通している

TONIC WATER

2 樹皮の粉は苦いため、砂糖と炭酸水で割って、
マラリア対策のために飲んだ。現在のトニック
ウォーターと呼ばれる飲料水の原型となった。

3 1820年、フランスのペ
ルティエとカヴァントゥ
が、樹皮から有効成分の
抽出に成功。キニーネと
呼んだ。

ウッドワードは
「20世紀最大の
有機化学者」と
呼ばれる

4 1908年ドイツのレーベによってキニーネの構
造が解明される。この構造を参考に、1934年
抗マラリア薬・クロロキンの合成に成功。

5 1944年にアメリカのウッドワードらが、キニ
ーネの人工的な合成経緯を開発（全合成を達成）。

なるほど〜とわかる 化学の発見と発展 **3章**

49 医療に必須？ 消毒の発見と発展

なるほど！ 細菌の存在が明らかでなかった時代に 想像力で消毒法は開発され、発展してきた！

医療に欠かせない**「消毒」**。今では身近ですが、どのように発見され、発展してきたのでしょうか？

1774年、スウェーデンの化学者シェーレが塩素Cl_2を発見し、この塩素を消石灰$Ca(OH)_2$に吸収させた**クロール石灰（次亜塩素酸カルシウム）が消毒薬の始まり**といわれています〔**図1**〕。1820年頃から、クロール石灰による傷や飲料水の消毒が行われはじめました。そもそも、感染症が微生物によるものとわかっていない時代ですが、経験的に消毒法を発見したのです。

ハンガリーの医師ゼンメルワイスは、病院で生じる出産後の高熱（産褥熱）の原因は、死体を解剖してそのまま患者を診察するなど「医療者の汚染した手」が原因と考え、**医療者にクロール石灰溶液で手の消毒を義務づけます**。すると、産褥熱での死亡率が激減しました。

また当時、外科手術のあとで傷口が腐敗し、敗血症[1]で死亡するケースが多くありました。イギリスの医師リスターは、傷口の腐敗は微生物[2]が原因と考え、**石炭酸**（フェノール）C_6H_5OHによる消毒を始めました。下水の消臭に使われていた石炭酸に消毒作用を期待した彼の読みは当たり、手術による死亡率は激減しました。この手法は**無菌外科手術の基礎**をつくったと評価されています〔**図2**〕。

※1 敗血症は、血液中に病気を起こす微生物の侵入で引き起こされる重い感染症。
※2 リヒターは、当初は敗血症の原因は空気中の粉塵による感染と考えていたという。

消毒は塩素からはじまった

▶ クロール石灰とは？〔図1〕

次亜塩素酸カルシウムのこと。消石灰（水酸化カルシウム）に塩素ガスを吸収させてつくる。カルキ、さらし粉とも呼ぶ。下水の消臭にも使われた。

クロール石灰の化学式

$$Cl_2 + Ca(OH)_2 \Rightarrow CaCl(ClO) \cdot H_2O$$

塩素 　消石灰（水酸化カルシウム）　→　クロール石灰（次亜塩素酸カルシウム）

クロール石灰はドイツ語でクロールカルキといい、カルキの由来。

現在の消毒は、扱いやすい次亜塩素酸ナトリウムに

次亜塩素酸ナトリウムについて

次亜塩素酸ナトリウムに含まれる次亜塩素酸 HClO が細菌の細胞膜や細胞組織、酵素などを壊すことで殺菌する。

プールの次亜塩素酸による消毒は、カルキ消毒ともいわれる。

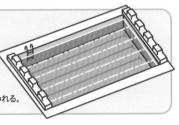

▶ リスターの無菌手術〔図2〕

傷口の血液の腐敗が化膿の原因と考えたリスターは、複雑骨折の治療に石炭酸を用いた。そして石炭酸の噴霧など無菌外科手術の研究を進めた。

研究が進み、アルコールの一種エタノールに消毒特性があることが見つかり、現在ではアルコールベースの手指消毒薬が使われている。

細菌だけを殺す？
化学療法の発見①

人間を傷つけずに細菌だけをやっつける、
「魔法の弾丸」を化学の力で発見！

化学的に合成された薬品で病原菌を殺菌・増殖を抑制する治療法を**化学療法**といいます。化学療法は、ドイツの細菌学者エールリヒによって始まりました。彼はバクテリアを染色する技術を学ぶうちに、色素によって染められるものと、染められないものがあることに気づきます。**「細菌だけを殺す色素（薬）があるのでは…」**。彼は人体を傷つけずに細菌のみをやっつける薬を**「魔法の弾丸」**と呼び、薬になる色素と化学物質を探し始めたのです。

エールリヒは、マラリア原虫に色素メチレンブルーが作用することを発見。さらに秦佐八郎とともに、梅毒の病原菌スピロヘータを殺す化学物質を探すため、多くの有機ヒ素化合物を用いて実験を行います。そして1910年、606番目の化学物質**サルバルサン**が梅毒の治療薬になることを発見します〔**図1**〕。

魔法の弾丸探しはドイツのバイエル社に受け継がれて、1932年に色素**プロントジル**が連鎖球菌に効くことを発見。連鎖球菌は、感染症を引き起こす細菌です。その後、生体内でプロントジルを分解して生じる**スルファニルアミド**という化学物質が抗菌作用をもつとわかり、多くの製薬会社が**サルファ剤**として販売。第二次世界大戦で兵士の感染予防に効果をあげました〔**図2**〕。

細菌だけをやっつける「染料」

▶ 梅毒の治療薬「サルバルサン」とは？〔図1〕

梅毒の病原体スピロヘータ・パリーダのみを殺す「魔法の弾丸」を探すため、秦らは多くの有機ヒ素化合物を合成。606番目の化合物が効果が高く、人体への毒性が弱いことを見つけ出した。

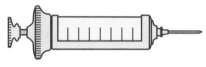

1913年に日本でも商品化された。

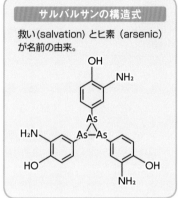

サルバルサンの構造式

救い（salvation）とヒ素（arsenic）が名前の由来。

▶ サルファ剤とは？〔図2〕

抗細菌薬を探すうち、スルファニルアミドという有名な染料の原料に薬効があると突き止められた。

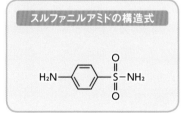

スルファニルアミドの構造式

第二次世界大戦では、衛生兵は負傷した兵士の傷口にサルファ剤をふりかけ、感染症を防いだ。

51 カビが抗生物質に？化学療法の発見②

なるほど！ イギリスの細菌学者が抗生物質を**偶然発見**。感染症から**多くの命を救う**ことになった！

化学療法を変革したのが**抗生物質**です。抗生物質の登場で、サルバルサンやサルファ剤（➡P126）はあまり使われなくなりました。

抗生物質は、**イギリスの細菌学者のフレミングによって偶然発見されました**。彼はインフルエンザの研究中、黄色ブドウ球菌の培養皿がアオカビで汚染されていたこと、そしてアオカビの近くだけ黄色ブドウ球菌が広がっていないことに気づきました。

1929年、フレミングはアオカビが抗菌性物質を出していることを突き止め、菌に有効な成分を抽出し、抗生物質「**ペニシリン**」が誕生します。第二次世界大戦で多くの負傷兵が出ましたが、ペニシリンが量産されて感染症から多数の命を救いました〔**図1**〕。

その後、ペニシリンの分子構造が化学的に解明され、化学の力で部分的に変化させた半合成ペニシリンがつくられて、各種細菌性感染症に絶大な効果を発揮します。土の中の放線菌から、結核菌に効く抗生物質「**ストレプトマイシン**」がつくられるなど、アオカビ由来ではない抗生物質もさまざまつくられています〔**図2**〕。

一方で、抗生物質の効かない「**耐性菌**」が出現してしまいました。新しい抗生物質が生まれては、それに耐えられる耐性菌が現れる…と、今もイタチごっこが続いています。

いろいろな抗生物質

▶ ペニシリンとは？〔図1〕

フレミングは、培養皿に偶然紛れ込んだアオカビが、黄色ブドウ球菌の増殖を抑制することを発見。アオカビの培養液に抗菌成分があることを見出し、アオカビの学名「Penicillium notatum」からペニシリンと名付けた。

フレミングは実験室を掃除・整理せずに休暇に出かけ、帰宅後にペニシリンを見つけたという。

生体から取り出したペニシリンの構造式

1940年にイギリスのチェーンとフローリーらによって、ペニシリンに細菌がもたらす感染症への治療効果が確認された。その後、天然ペニシリンの分子構造が明らかにされ、現在は化学合成されたペニシリンが使われている。

▶ いろいろな抗生物質〔図2〕

現在では多くの抗生物質が開発されている。大きく分けて「静菌性」「殺菌性」がある。

静菌性抗生物質

細菌の発育・増殖を阻止する作用をもつ。マクロライド系、サルファ剤など。

殺菌性抗生物質

細菌を直接死滅させる作用をもつ。ペニシリンやストレプトマイシンなど。

ストレプトマイシンの構造式

細菌のたんぱく質合成を抑える。結核やペストなどに効く。

52 最初のカメラは アスファルトで現像?

最初のカメラ・**ヘリオグラフ**を、
フランスの化学者**ニエプス**が発明！

　カメラの原型は、小さな穴から暗い部屋に入ってくる光が、壁に
外の景色を映し出す現象です。これは**カメラオブスクラ（暗い部屋）**
と呼ばれる、古くから知られたものです。

　カメラオブスクラの景色を写真に定着させるしくみに、最初に成
功したのはフランスの化学者ニエプス。**アスファルト（原油に含ま
れる炭化水素類）が光に当たると固くなる性質を利用**し、固まらな
かった部分を洗い流して原板をつくりました。光が当たらなかった
部分ほど溝ができ、そこにインクを入れることで、版画（エッチン
グ）のように紙に写し取ることができたのです。これは**ヘリオグラ
フ**と呼ばれました〔**図1**〕。

　フランスのダゲールがニエプスと研究を行い、**ダゲレオタイプカ
メラ**が発明されます。**ヨウ化銀などのハロゲン化銀が光に当たると
分解して銀の微粒子を生み出し、黒い色になる性質を利用**したカメ
ラです。ハロゲン化銀は放っておくと全部黒くなるため、像を保つ
方法が必要でした。そこで、銀メッキを塗った銅板を感光材料（光
を感じて記録する材料）として、撮影後に水銀蒸気にさらすことで、
光が当たった部分に銀と水銀の合金を形成する方法を開発。残った
ハロゲン化銀を取り除くと、美しい写真ができました〔**図2**〕。

写真技術の発展

▶ ヘリオグラフのしくみ〔図1〕

ニエプスの発明したヘリオグラフは、アスファルトを感光させるものだった。撮影は動かないまま6時間かかったという。

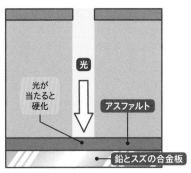

光

光が
当たると
硬化

アスファルト

鉛とスズの合金板

1 感光材アスファルトは、穴から入る光が当たった部分だけ硬化する。

2 固まっていない部分を油で洗い流す。

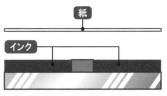

紙

インク

3 版画の要領で、インクを載せて印刷の原版とした。

▶ ダゲレオタイプカメラのしくみ〔図2〕

1 銀メッキ銅板をヨウ素蒸気にさらし、ヨウ化銀の膜をつくる。

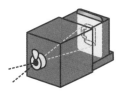

2 銀板をカメラに入れて、光に当てて感光する（撮影）。

3 撮影した銀板を水銀蒸気にさらす。光の当たって励起した銀イオンと水銀が反応して画像が浮かび上がる（現像）。

4 現像した板から食塩水で不感光のヨウ化銀を除いて定着。

53 フィルムからデジタルへ。カメラはどう進化した？

なるほど！ ハロゲン化銀を使ったフィルムができ、画像を電気信号に変えるデジカメができた！

　ダゲレオタイプカメラでは、1回の撮影で写真1枚しかつくれませんでした。そこで1840年頃、イギリスのタルボットは、紙（プリント）をベースにした**ネガポジ法のフィルムカメラを発明**します。

　食塩水を染みこませた紙に硝酸銀$AgNO_3$を塗ると、塩化銀$AgCl$が合成されます。**塩化銀は光に敏感な性質があり、光に当たると黒い銀に還元される**のです。これにより、明るい部分は黒っぽく、暗い部分は白っぽく映るネガフィルムができたのでした〔**図1**〕。

　このフィルムに光を透過させることで、写真のプリントが何枚もできるようになりました。その後、銀塩フィルムカメラは進歩して、ハロゲン化銀（塩化銀$AgCl$、臭化銀$AgBr$、ヨウ化銀AgIなど）を用いた**カラーネガフィルム**ができます。ハロゲン化銀で像をつくり（現像）、未感光のハロゲン化銀を溶かす薬品（チオ硫酸ナトリウム$Na_2S_2O_3$）に入れて定着させるのです。

　現在は、**デジタルカメラ**が主流ですね。**画像を電気信号に変えて記録するカメラ**で、CCD（Charge Coupled Device）と呼ばれる半導体センサーで光を電気信号に変えます。光が当たると電荷が発生する受光素子が集まってできており、これがフィルムの代わりをはたしています〔**図2**〕。

ハロゲン化銀で像をつくる

▶ フィルムカメラの原理 〔図1〕

フィルムカメラがとらえた画像は、感光、現像、定着によって紙に記録される。

1 感光

光が、フィルムに塗られたハロゲン化銀に当たると化学変化を起こして内部に銀原子の集合体（潜像核）がつくられ、目に見えない画像（潜像）をつくる。

2 現像

目に見える画像にするため、フィルムを還元剤を含む現像液に浸す。潜在核をもつハロゲン化銀は銀原子に還元、もたないハロゲン化銀はそのまま残る。

3 定着

現像後、定着液に浸して、ハロゲン化銀を溶かして除去する。残った黒い銀粒子による像があらわれる。

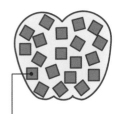

潜像核　ハロゲン化銀粒子

現像でできた銀粒子

▶ デジタルカメラのしくみ 〔図2〕

デジタルカメラがとらえた画像は、受光素子によって光が電波信号に変えられ、データなどに保存される。

リンゴ

撮影

光が当たると電荷（電子）が発生する

受光素子

受光素子は格子状に並んだ多数の画素からできており、光に反応して電荷を蓄え、その量を数値に変換して画像データを作成する。

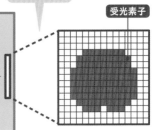

54 始まりは偶然？ 合成染料の発見

マラリアの薬の研究中に偶然できた「**モーブ**」という物質から、**合成染料の歴史**が始まった！

　私たちは好きな色の服を、簡単に買うことができます。今や色とりどりの合成染料が安価で手に入る時代になったからです。しかしもちろん、現代に至るまでにはさまざまな苦労がありました。

　昔は、染料は天然物から採られていました。例えば、ある種の巻貝（アッキガイ科）の分泌液から採られる物質・貝紫で、布を美しい紫色に染められます。しかし**服一着染めるのに巻貝が数千～1万個以上必要**であり、非常に高価でした。使用は王や貴族たちに限られ、**ロイヤルパープル**（帝王紫）とも呼ばれました〔**図1**〕。

　合成染料の幕開けは、染料とは無関係なところから始まりました。1856年イギリスの化学者パーキンは、マラリアの特効薬キニーネ（➡P122）の合成に取り組んでいました。そこで偶然実験中にできた黒い沈殿物をアルコールに溶かすと、きれいな紫色ができたのです。パーキンはこれを、アオイ（葵）のフランス語名からモーブ（mauve）と名づけました。**モーブはイギリスのヴィクトリア女王も身につける**ほど、とても話題になりました。

　その後、染める対象や色によって多くの合成染料が開発されます。合成染料は合成繊維を染めるのに適しているので、現在は天然染料よりも合成染料が主流になっています〔**図2**〕。

134

モーブが合成染料の世界を広げた

▶ 王に愛された貝の紫〔図1〕

古代ローマのカエサルやネロをはじめとする皇帝たちが好み、しばしば一般人の着用を禁じて自分らだけの色とした。

東ローマ皇帝ユスティニアヌス1世など、王族や貴族が貝紫で染めたものを身につけた。

アッキガイ

アッキガイには6,6-ジブロモインジゴという色素成分が含まれる。今では化学合成できる。

▶ おもな合成染料〔図2〕

モーブの構造式

アリザリンの構造式

$C_{26}H_{23}N_4^+$

1856年イギリスのパーキンが偶然に合成に成功。世界初の合成染料だが、光で退色しやすく、長くは使用されなかった。

$C_{14}H_8O_4$

植物のアカネから採れる赤色色素。1869年にコールタールから合成できるようになり、赤色の絵の具などに使われた。

55 「レーヨン」「ナイロン」の発明が衣服を変えた?

なるほど! 絹の手触りを人工的に再現するため、
さまざまな合成繊維の開発に挑んできた!

　人間は衣服の素材として綿や麻、絹などの天然繊維を用いてきました。なかでも絹は繊維が細くてしなやかで、古くから貴重でした。化学者たちは、**絹に負けない人工繊維の合成**に挑んできました。

　綿（セルロース）は綿花からつくられますが、糸にできない短すぎるセルロースも繊維として利用できないか研究を進めたところ、ニトロセルロースを発見します（➡P116）。フランスのシャルドネは、**ニトロセルロースを用いた人造絹糸の製造技術を開発**します。ただニトロセルロースはとても燃えやすかったので、セルロースを溶かして繊維に再生した**再生繊維**（ビスコースレーヨンやキュプラ）、セルロースを化学的に処理した**アセテート繊維**が開発されました。

　アメリカの総合化学会社デュポン社は、化学の基礎研究に力を入れるため、ハーバード大学の化学者カロザースを招きます。彼は高分子（分子を数珠つなぎにしたもの）の合成を片っ端から行い、**構造も性質も絹に近いナイロンの合成に成功**〔**図1**〕。**「石炭と水と空気からつくられた繊維」**として、ストッキングなどの工場生産が一気に始まりました。当時の生糸産業は大打撃を受けたそうです。

　その後も次々と合成繊維が登場し、現在**ポリエステル**、**ナイロン**、**アクリル繊維**が三大合成繊維とされます〔**図2**〕。

▶ ナイロンとは? 〔図1〕

カロザースが合成したのは、アジピン酸とヘキサメチレンジアミンからつくられるナイロン6,6。その後、さまざまな性能のナイロンも開発された。

$$n \; \; \overset{O}{\underset{HO}{\parallel}} C-(CH_2)_4-C \overset{O}{\underset{OH}{\parallel}} \qquad + \qquad n \; \; \overset{H}{\underset{H}{}} N-(CH_2)_6-N \overset{H}{\underset{H}{}}$$

アジピン酸
$C_6H_{10}O_4$

ヘキサメチレンジアミン
$C_6H_{16}N_2$

縮合重合

$$\left[\overset{}{\underset{O}{\overset{}{\parallel}}} C-(CH_2)_4-C \overset{}{\underset{O}{\overset{}{\parallel}}}-\overset{H}{\overset{}{N}}-(CH_2)_6-\overset{H}{\overset{}{N}} \right] + 2nH_2O$$

6,6- ナイロン

ナイロンは「伝線しないストッキング用の繊維」を意図した「no-run」が由来。

▶ 三大合成繊維 〔図2〕

ポリエステル

強度があり、吸水性が低く、シワになりにくい。
● 背広
● ワイシャツ
● カーテン など

ナイロン

生糸に似た光沢があるが、丈夫。吸湿性が低い。
● ストッキング
● ウインドブレーカー など

アクリル繊維

羊毛に似た、やわらかく暖かい肌触り。洗っても縮みにくい。
● セーター、靴下
● 毛布 など

56 身近なプラスチック。 どうやって生まれた?

なる
ほど!

プラスチックとは合成樹脂のこと。
ビリヤードの球の研究から生まれた!

　身の回りにはプラスチックがあふれ、プラスチックのない生活は考えられませんよね。**プラスチックとは、簡単につくれる高分子の合成樹脂のこと**。石油を主原料につくられます。漆や琥珀のような天然樹脂と似た性質をもつ化学合成品を、**合成樹脂**と呼びます。

　合成樹脂の歴史は、ビリヤードの球の材料である象牙の代わりとなる物質として、**セルロイド**を実用化したことに始まるとされます。1868年、アメリカの印刷業者ハイアットが、ニトロセルロース（➡P116）とクスノキから抽出される樟脳 $C_{10}H_{16}O$ を混ぜてつくりました。セルロイドは整形しやすくツヤもあり、食器の持ち手から人形まで、さまざまなものに使われました〔**図1**〕。

　アメリカの化学者ベークランドは、カイガラムシから採れるシェラックと呼ぶ樹脂の代替品を探していました。そのなかで、フェノール（➡P124）とホルムアルデヒドを反応させて、黒くて不透明な**フェノール樹脂（ベークライト）**の合成に成功（1907年）。絶縁性が高く、当時の電話や自動車に使われることになりました〔**図1**〕。

　その後も1931年に**ポリ塩化ビニル樹脂**（PVC）、1933年に**ポリエチレン樹脂**が発明されるなど、次々と新しいプラスチックが開発され、私たちの身近で使われています〔**図2**〕。

化学の力で便利なプラスチックを

▶ 初期の合成樹脂〔図1〕

初期の合成樹脂は、天然樹脂の代替品として発明、実用化された。

セルロイド	ベークライト(フェノール樹脂)

ニトロセルロースに樟脳など可塑剤（材料に柔軟性を与える）を加えたもの。かつて日用品に多用された。燃えやすい。

フェノールとホルムアルデヒドの重合でできる樹脂。電気絶縁性、耐水性が高く、電気部品に使われる。

▶ 身の回りのプラスチック〔図2〕

現在生産量が多いプラスチックは、ポリエチレン、ポリプロピレン、ポリ塩化ビニル、ポリスチレンである。

ポリエチレン(PE)

油や薬品に強く、レジ袋・ゴミ袋などの包装材、洗剤の容器、バケツなど用途はさまざま。

ポリプロピレン(PP)

比較的熱に強い。洗面器や衣装ケース、洗濯機の台枠や洗濯槽の原料にも。

ポリ塩化ビニル(PVC)

燃えにくくて水に沈む。食品ラップ、水道管やホース、ソファー表面に塗布される。

ポリスチレン(PS)

弁当ケースやボールペンの軸。発泡PSは断熱保湿性があり、カップ麺などの食品容器に。

古代からずっと現役？
セラミックスとは？

なるほど! 粘土や石を高温で焼き上げたものが
セラミックス。いまや**宇宙技術**にも使われている!

　火を使うようになった人類は、煮炊きのできる土器をつくるようになりました。焼き物の始まりです。その後、土器に釉薬をかけてより高温で焼く陶器が登場します。釉薬によって表面にガラス質の皮膜ができ、強度が増しました。さらに陶石という石質の材料を使って1,300℃を超える高温で焼いたものが磁器です。

　このように**粘土や石を成形し、窯で高温で焼き上げたもののことをセラミックス**と呼びます〔**図1**〕。**耐食性**（さびない）、**耐熱性**（熱に強い）、**絶縁性**（電気を通しにくい）に優れる、**硬い**…といった性質があります。硬くなるのは、材料の粉末が焼かれることで合体（焼結）し、緻密化するからです。

　セラミックスは、日用品ばかりでなく、宇宙船や原子炉などの外壁にも使われています。さらに天然の材料だけでなく人工的化合物を原料とし、性質を高度に特化させた**「ファインセラミックス」**もさまざまな場面で使われています〔**図2**〕。

　代表的なファインセラミックス素材・アルミナ Al_2O_3 は、耐熱性、耐摩耗性、絶縁性が高く、IC基盤、切削工具などに使われます。また、スマホには1台につき数百個ものファインセラミックス製の部品が使われています。

さびない、燃えない、硬い焼き物

▶ セラミックスとは〔図1〕

金属以外の無機（非生物由来）物質を焼き固めたもののことを広い意味で
セラミックスという。さびない、燃えない、硬いなどの長所と、衝撃に弱
い、急な温度変化に弱い、などの短所をもつ。

セラミックス

陶磁器	耐火物	ガラス	セメント	ファインセラミックス
壺など	レンガなど	コップなど	建築用材料	包丁の刃など

▶ ファインセラミックスのいろいろ〔図2〕

高性能セラミックスは、いろいろな場面で使われる。

材料		特徴	おもな用途
ジルコニア （酸化ジルコニウム）	ZrO_2	高い硬度、粘り強さ	包丁、ナイフ、 酸素濃度測定
アルミナ （酸化アルミニウム）	Al_2O_3	耐熱、耐摩耗、 絶縁	IC基盤、切削工具、 ノズル
チタン酸バリウム	$BaTiO_3$	誘電率が高い	コンデンサー
チタン酸ジルコン酸鉛	$Pb(Zr,Ti)O_3$	誘電率が高い、 圧電性が高い	圧電素子
窒化ケイ素	Si_3N_4	高温下で強度が強い、 耐熱衝撃性が高い	自動車のエンジン、 ベアリング

58 流通を支える黒い液体? 「ガソリン」のしくみ

なるほど! ガソリンは原油を精製して取り出される。
アメリカで採掘されてから需要が急増！

おもに自動車の燃料として使われる「ガソリン」。電気への転換などもありつつも、現在の世界の物流を支える主要燃料ですね。ガソリンって、どうやって発見され、つくられているのでしょうか？

ガソリンは、原油から精製されます。原油は、黒褐色の粘り気のある液体です。太古の生物の死骸が長い年月の間に地熱や圧力を受け、分解して原油になったとされます。**主成分は各種の炭化水素で、硫黄、酸素、窒素などの不純物も含みます**。炭化水素には、炭素原子の数によって、メタン（CH_4）、エタン（C_2H_6）、プロパン（C_3H_8）、など多くの種類があります。

1859年に**アメリカで原油の採掘に成功**。ガソリン自動車の普及によって需要が急増します。原油からガソリンを取り出すには、成分を精製します。原油を加熱すると、沸点の低い炭水化物から順番に蒸発し、その蒸気を分離・冷却して各成分に分けます（分留）。こうして、石油製品を精製するのです〔**右図**〕。

なかでも**ガソリンを精製するため、多くの精製法が発明**されました。原油に高温高圧をかける熱分解法（1912年・アメリカのバートン）、活性粘土を触媒に使った接触分解法（1936年・アメリカのフードリー）などは、ガソリンを飛躍的に増産させました。

原油をさまざまな炭化水素に分解

▶ 原油の成分と分留

原油の分留

原油は350℃に加熱後、蒸留装置に送られ、いろいろな石油製品に分けられる。それぞれの石油製品は沸点が異なるため、原油を加熱して生まれた気体から分けていくことができる。

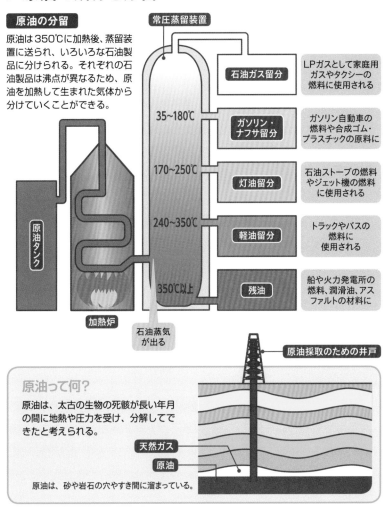

常圧蒸留装置

石油ガス留分 — LPガスとして家庭用ガスやタクシーの燃料に使用される

35~180℃ ガソリン・ナフサ留分 — ガソリン自動車の燃料や合成ゴム・プラスチックの原料に

170~250℃ 灯油留分 — 石油ストーブの燃料やジェット機の燃料に使用される

240~350℃ 軽油留分 — トラックやバスの燃料に使用される

350℃以上 残油 — 船や火力発電所の燃料、潤滑油、アスファルトの材料に

原油タンク

加熱炉

石油蒸気が出る

原油採取のための井戸

原油って何?

原油は、太古の生物の死骸が長い年月の間に地熱や圧力を受け、分解してできたと考えられる。

天然ガス
原油

原油は、砂や岩石の穴やすき間に溜まっている。

143　 なるほど〜とわかる 化学の発見と発展 **3章**

59 「核分裂」はどうやって発見・研究されてきた?

なる
ほど! 19世紀末に原子が"壊れる"ことがわかり、
核分裂の発見につながった!

ドルトン（➡P102）以来、原子は「変化しないもの」と考えられてきました。ところが**19世紀末、未知の放射線（X線）が発見されます**。その正体を研究した結果、不安定な原子は、放射線を出して別の原子に変わり、逆に原子に放射線を当てることで別の原子に変わることがわかりました。この不安定な、**放射線を出して"壊れていく"原子は「放射性元素」と呼ばれます**〔**図1**〕。

その後、ウラン235と呼ばれる放射性元素に中性子を吸収させると分裂し、大きなエネルギーとともに別の原子が生まれる「**核分裂**」が、ドイツのマイトナーらにより1938年に発見されました。ウラン235による核分裂反応では、1個中性子をぶつけると中性子が複数生まれます。1939年、イタリアのフェルミらが次々と**連鎖的に核分裂反応を起こすしくみを発見**。のちの原子爆弾、原子炉などを生み出しました〔**図2**〕。

連鎖的な核分裂を起こすためには、いくつかの条件があります。そもそも核分裂を起こすための原子が十分にあること。中性子を吸収させるための、ちょうどいい速度も必要です。科学者は研究の末、核分裂を起こす放射性物質の濃縮や減速材の使用、構造設計などを行い、原子炉をつくり出したのです。

核分裂連鎖反応でエネルギーが生じる

▶ 放射性物質はなぜ見つかった？〔図1〕

1895年 ドイツのレントゲンが放射線X線を新発見。

1896年 フランスのベクレルがウラン鉱石からの謎の光線に気づく。

1898年 フランスのキュリー夫妻が放射線を発する元素ポロニウムとラジウムを発見。

ベクレルは、黒い紙に包んだ写真乾板の上にウランを置いて、机に入れた。数日後に写真乾板の感光に気付き、ウランから黒い紙を透過する光線が出ていることを発見。

▶ 放射性物質の崩壊と核分裂〔図2〕

放射性元素の崩壊 例えばウラン238のような不安定な原子は、放射線を出しながら安定した原子へ変化する。

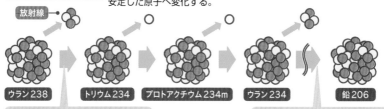

放射線 →

| ウラン238 | トリウム234 | プロトアクチニウム234m | ウラン234 | 鉛206 |

放射線を放出し、トリウム234に変化！　　　　安定した原子になるまで崩壊を続ける

核分裂と連鎖反応 ウラン235に中性子を当てると、連鎖反応が起こることがある。

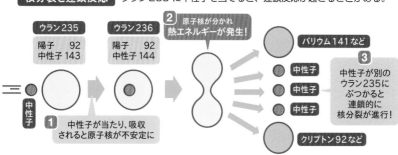

ウラン235	ウラン236
陽子　92	陽子　92
中性子 143	中性子 144

中性子

1 中性子が当たり、吸収されると原子核が不安定に

2 原子核が分かれ熱エネルギーが発生！

バリウム141など

中性子
中性子
中性子

3 中性子が別のウラン235にぶつかると連鎖的に核分裂が進行！

クリプトン92など

※上図はウラン235の核分裂の一例。

Q 一番寿命の長い電池ってどれ?

リチウム
イオン電池　or　太陽電池　or　原子力電池

充電して何度も使える充電池って便利ですよね。でも、繰り返し充電すると劣化して寿命を迎えます。なるべく長寿命のものが欲しくなりますが、現在の電池で一番長く使える電池はどれでしょうか?

　現在主流の充電池は、**リチウムイオン電池**です。化学電池というしくみで、繰り返し使うと最大充電容量が落ちてゆき、いずれ満充電にしても使える時間が短くなり、寿命を迎えます。使用条件にもよりますが、電気自動車は8～10年は安心して使えるようです。

　太陽光を利用する**太陽電池**はどうでしょうか。実際に国際宇宙ス

テーションに搭載されて、2000年頃から必要な電力をまかなっています。太陽電池は宇宙空間で放射線にさらされるため、徐々に出力が低下していっています。地上用の太陽電池も、自然環境下で長期間使われる装置のため、汚れや破損などで発電量が劣化し、寿命が短くなっていきます。太陽電池の寿命は約30年とされます。

1977年に打ち上げられた惑星探査機ボイジャー1号は、45年経った今も地球に信号を発信し続けています。電力は原子力電池でまかなわれています。温度差によって発電する熱電変換というしくみで、放射性元素プルトニウムが崩壊する際に出す熱と宇宙空間との温度差で電気を得ます。**原子力電池**は、長い半減期※をもつ放射性元素を用いれば長寿命の電池を得られるとされます。

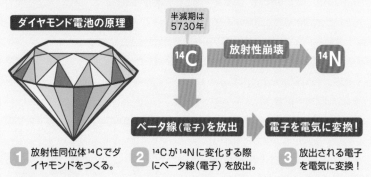

ダイヤモンド電池の原理

半減期は
5730年

^{14}C →（放射性崩壊）→ ^{14}N

ベータ線（電子）を放出 ▶ 電子を電気に変換！

1 放射性同位体^{14}Cでダイヤモンドをつくる。

2 ^{14}Cが^{14}Nに変化する際にベータ線（電子）を放出。

3 放出される電子を電気に変換！

　原子力電池には、**ダイヤモンド電池**というしくみがあります。放射性物質から放出される電子を電気に変換するしくみで、適切な放射性物質を使えば数千年の寿命をもつ電池が期待されています。ですので、答えは「原子力電池」です。出力が小さな電流のため、ペースメーカーからバッテリー交換の不可能な危険地帯の観測機械まで、どんな用途に使えるか研究開発ははじまったばかりです。

※放射性元素は崩壊してほかの元素に変わっていく。その存在量が半分になる時間。

化学の偉人 3

日本の化学用語をつくり出した

宇田川榕菴

（1798 - 1846）

現在、化学用語として使われる「酸素」「窒素」「水素」「塩素」などの元素の名前や「酸化」「還元」「温度」「発酵」といった化学用語は、宇田川榕菴によって考え出された訳語です。

榕菴は、江戸時代に津山藩（現在の岡山県津山市）に仕えていた医師です。19歳で藩医となり、はじめは漢方医学、やがてオランダ語を学びながら西欧の知識に触れていきました。榕菴は、多くの蘭書を訳すかたわら、得た知識を実験で確かめました。例えば、西欧で下剤として使われたエプソム塩と、漢方生薬の凝水石を実際に舐めて分析するなどして、この2つが同じもの（硫酸マグネシウム）であることを突き止め、その喜びを文章に残しています。

薬学を学ぶうち、西洋の薬をつくるためには、chemie（セイミ・オランダ語で化学）の知識が必要と気づきます。そこで37歳の榕菴は、イギリスの化学者ヘンリーの化学入門書『化学実験の概論』の翻訳本、『舎密開宗』の刊行を始めました。ただの翻訳本ではなく、当時最新の化学書を参考に解説が加えられ、原書の内容を確認するために自ら学び、実験した内容が記録されています。

この本で榕菴が訳した化学用語の多くは現在も使われています。これが多くの化学者に読まれることで、日本の近代化学の出発点となったのです。

4章

明日話したくなる
化学の話

「日本のノーベル化学賞受賞者は?」
「バイオ燃料って何?」「グリーンケミストリーとは?」など、
化学にまつわるさまざまな話を紹介します。
つい誰かに教えたくなる、化学のトリビアを見ていきましょう。

60 ノーベル化学賞を 受賞した日本人は?

ノーベル賞の中でも日本では**化学分野が最多**で、**8人もの受賞者**がいる!

　ノーベル化学賞は、**化学の分野で人類に役立つ新発見・改善をした人物に与えられます**。日本のノーベル化学賞受賞者は現在までに8人。それぞれの研究開発は、世界の医薬、化学、工業の分野などで広く応用され、貢献しています。ここではノーベル賞級の研究がどんなものだったのか、それぞれの研究を簡単に紹介します。

◆福井謙一
「化学反応が起こる・起こらない」の謎を解明!

　受賞理由は、**化学反応過程の理論的研究**(1981年)。

　化学反応に関与するのは、分子や原子の最外殻にある電子軌道のエネルギー。このエネルギー差が小さいほど、化学反応が起こりやすいことをつきとめた。

　化学反応に外側の最前線(フロンティア)にいる電子軌道だけが関わっていることから「フロンティア軌道理論」と呼ばれる。半導体のシリコン加工技術や医薬品の開発などで応用。

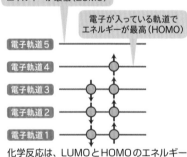

化学反応に関係する電子軌道

電子が入っていない軌道でエネルギーが最低(LUMO)

電子が入っている軌道でエネルギーが最高(HOMO)

電子軌道5
電子軌道4
電子軌道3
電子軌道2
電子軌道1

化学反応は、LUMOとHOMOのエネルギー状態で決まることがわかった。

◆白川英樹
しらかわ　ひでき

電気を流すプラスチックを発見!

受賞理由は、**導電性高分子の発見と開発**（2000年）。

　ペットボトルなどのプラスチック材料となる高分子化合物は電気を流さないとされてきたが、電気が流れるものがあることを発見し、その原理を説明した。研究室の留学生が、触媒の量を間違えたことで偶然できた導電性高分子のフィルムから、この発見が生まれた。導電性高分子はスマホのタッチパネルなど、さまざまな分野で応用されている。

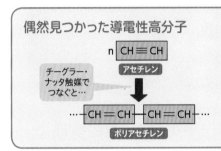

偶然見つかった導電性高分子

n CH ≡ CH

アセチレン

チーグラー・ナッタ触媒でつなぐと…

…−CH ＝ CH−┤−CH ＝ CH−┤…

ポリアセチレン

白川氏は助手とアセチレンを化学的につなぎ合わせてポリアセチレンをつくる実験をしていた。黒い粉末のポリアセチレンができるはずが、触媒の濃度を間違えており、予想外の薄膜ができた。この薄膜の発見がきっかけとなって導電性をもたせる研究が進み、導電性高分子が発見された。

◆野依良治
の　より　りょう　じ

構造だけが違う「鏡像異性体」のつくり分けに成功!

受賞理由は**不斉触媒による水素化反応の研究**（2001年）。

　過去には、化学物質を合成する場合、求める物質のほかに、鏡に映したように構造が左右対称な物質ができてしまう問題があった。構造が違うだけで、性質が毒と薬のように真逆になるものがあるが、人工的につくり分けられなかった。そこでBINAPという触媒を開発し、高い割合で特定の求める物質をつくり出す「不斉合成」を開発。化学工業などに大きく貢献した。

鏡像異性体

物質には、分子の構造が左右対称になる2種類が存在する場合があり、構造が違えば性質も異なる。

ℓ-メントールはさわやかな香りをもつ

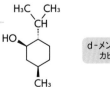

d-メントールはカビ臭い

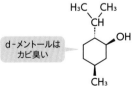

◆田中耕一
たなかこういち

超困難なたんぱく質分子の重さ測定に成功！

受賞理由は、生体高分子の同定及び構造解析のための手法の開発（2002年）。たんぱく質の質量（分子量）測定は、測定用レーザーがたんぱく質を分解するために困難とされていた。そこでグリセリンとコバルトの混合物を用いて、たんぱく質を分解しないで測定できる手法を開発。ガンや糖尿病を引き起こすたんぱく質の検出など、医学などで役立っている。

測定の原理

イオン化したたんぱく質を装置に通し、移動時間から分子量を測定。分子が大きいほど重いので長くかかる。

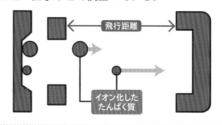

飛行距離

イオン化した
たんぱく質

◆下村脩
しもむらおさむ

遺伝子のはたらきの解明に必須な物質を発見！

受賞理由は、**緑色蛍光たんぱく質の発見とその応用**（2008年）。

遺伝子研究に欠かせない、紫外線で緑色に光るたんぱく質（GFP）を発見し、そのしくみも解明。GFPを遺伝子（DNA）に組み込み、紫外線を当てて追跡すると、その遺伝子がはたらく場所や時期や、どのようにはたらくかが確認できる。GFPは生理学や医学の研究で欠かせないツールとなった。

GFPの利用法

1 標的とするたんぱく質DNAにGFPのDNAを連結する。

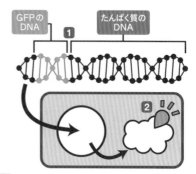

GFPの
DNA

たんぱく質の
DNA

1

2

2 細胞内で緑色に光る標的たんぱく質がつくられる。

◆根岸英一 ◆鈴木章

有機化合物同士をくっつけた!

受賞理由は、**有機合成におけるクロスカップリング**（2010年）。

2つの有機化合物をつなげて、新たな有機化合物をつくることをカップリングという。だが、有機化合物の基本骨格炭素Cをつなげる方法は明らかでなかった。そこで、根岸博士はパラジウムという金属を触媒とし、亜鉛化合物を使う方法を発見。鈴木博士は同じ触媒でホウ素化合物を使う方法を発見。医薬品や液晶の製造などに役立っている。

クロスカップリングとは

$$R \qquad R' \quad \text{✗} \quad R - R'$$

有機化合物R　　有機化合物R'

1 炭素を含む有機化合物同士は、普通に反応させてもつながらない。

$$R\text{-}ZnX + R'\text{-}Y \Rightarrow R - R'$$

亜鉛化合物をつける　　ヒドロキシ基などをつける

2 パラジウムを触媒に使えば、有機化合物同士がつながる。

◆吉野彰

危険なリチウムを安全な充電可能電池に!

受賞理由は、**リチウムイオン二次電池の開発**（2019年）。

リチウムは高性能の電池の材料だが、反応しやすく、爆発の危険がある。そのリチウムを使用して、安全な充電式電池を開発した。メモリー効果（継ぎ足し充電で容量が減ったようになること）の影響を受けづらく、スマホなどの電子機器や電気自動車などさまざまな分野で欠かせない電池。

リチウムイオン電池の原理

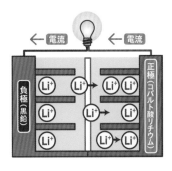

正極材にコバルト酸リチウム、負極材に黒鉛を使い、電子の移動で電気の流れを発生させる。

明日話したくなる化学の話 **4章**

61 生卵を加熱すると、どうして固まるのか？

なるほど！ 生卵内のたんぱく質が**加熱**で変わり、**凝集**してひとつの**大きなかたまり**になるから！

　生卵は、どろどろとした液体の卵白と黄身からなりますね。フライパンなどで焼くと固まりますが、なぜ生卵は加熱すると固まるのでしょうか？

　生卵は、おもに75％の水分、12％のたんぱく質、10％の脂質からできています。**このうち、固まるのはたんぱく質**です。生卵の状態では、たんぱく質は立体構造を保っています。生卵を加熱すると、たんぱく質の立体構造が崩れ**（変性）**、互いに絡まり**（凝集）**、ひとつの大きなかたまり**（凝集体）**をつくります〔**図1**〕。こうやって液体の生卵は、固体の卵（料理など）に変わるのです。

　ちなみに、**一度変性・凝集したたんぱく質は、もとの立体構造に戻すことはできません**。つまり、焼いたりゆでたりした卵は、元の生卵には戻せないのです。

　しかし最新の研究で、**「シャペロン」**というたんぱく質に、一旦凝集したたんぱく質を元の状態にほぐすはたらきがあることが明らかになりました。**シャペロンと液体の卵白を入れて加熱すると、卵白が固まらない**こともわかってきました〔**図2**〕。

　まだまだこれからの研究ですが、研究が進めば、いつかは焼いた卵を生卵に戻すこともできるかもしれませんね。

一度変性・凝集したら戻せない

▶ たんぱく質の変性と凝集〔図1〕

卵を加熱すると、卵のたんぱく質が変性、凝集し、かたまりをつくる。

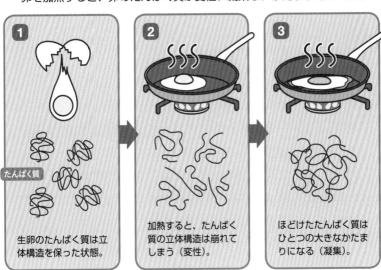

1

たんぱく質

生卵のたんぱく質は立体構造を保った状態。

2

加熱すると、たんぱく質の立体構造は崩れてしまう（変性）。

3

ほどけたたんぱく質はひとつの大きなかたまりになる（凝集）。

▶ ゆで卵が生卵に?〔図2〕

シャペロンというたんぱく質は、一度凝集したものをほぐすはたらきをもっている。

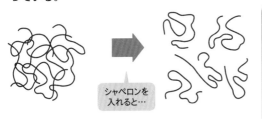

シャペロンを入れると…

シャペロンとは

たんぱく質がはたらくためには、立体構造に折りたたむ必要があるが、シャペロンはその折りたたみを手助けするはたらきをもつ。

シャペロンは、一度凝集したたんぱく質をほぐすことができる。

明日話したくなる化学の話 **4章**

62 食品添加物ってどういうもの？

なるほど！ 国の基準のもとで記載される**化学物質**。
ビタミンCは**酸化防止剤**として役立つ！

　お店で売っている食品に書かれている「食品添加物」とは、保存料、甘味料、香料、着色料など、食品の加工・保存に使われるものを示した表示です。食品添加物には、**国が人の健康を損なわないように安全性を評価**し、使用してよいと認めた化学合成品（指定添加物）や、過去の長い食経験をもとに使用が認められたもの（既存添加物）などが使用されています。添加物は、原材料名と混在しないように、かつ重量の割合の多い順に記載されています。

　さて、この添加物、どんな化学物質があるのでしょうか？

　例えば**ビタミンC**はよく食品に入っている添加物で、「L-アスコルビン酸 $C_6H_8O_6$」のことです。ビタミンCは人間の必須栄養素でもありますが、実は**栄養としてだけでなく、食品の酸化防止剤としてもはたらきます**。食品が酸素と結びついて変質・劣化することを抑えるのです。ビタミンCは酸化されやすいため、食べ物の代わりにビタミンCが先に酸化されてくれるというわけです〔**図1**〕。

　ハムやソーセージといった加工肉が、加熱処理にかかわらず新鮮な生肉のような鮮やかな赤色をしているのは、**亜硝酸塩などの発色剤**が添加されているから。鮮赤色は筋肉色素ミオグロビンによるもので、亜硝酸で酸化を抑え、安全に鮮やかな色を保ちます〔**図2**〕。

食品添加物は国が安全性を評価

▶ 食品添加剤としてのビタミンC 〔図1〕

ビタミンCはさまざまな食品の添加物に使用され、使用目的によって表示の仕方に違いがある。

添加剤のL-アスコルビン酸は、デンプンから得られるブドウ糖を原料に、発酵により製造

酸化防止剤として

変色や風味の劣化を防ぐため、「酸化防止剤（ビタミンC）」の表記で少量添加される。先に酸化されることで、食品の酸化を防ぐ。

ふんわりとさせるため

「ビタミンC」の表記で添加される。L-アスコルビン酸を添加すると、パン生地の伸びをよくして、ふくらみを大きくし、食感を改良できる。

▶ 加工肉の添加物とその役割 〔図2〕

生肉の場合

時間が経つと鉄が酸化（加熱でも酸化）

肉の赤色はミオグロビンによる。色はミオグロビンに含まれる鉄の酸化で決まり、酸化が進むと褐色になっていく。

鮮赤色　　褐色

加工肉の場合

1 生肉に亜硝酸塩を添加。肉中の乳酸と反応して亜硝酸が生じ、一酸化窒素が生成。

2 一酸化窒素がミオグロビンの鉄と結合。加熱しても鉄は酸化されにくくなる。

3 加工肉にしても鮮やかな赤色が保持される。

明日話したくなる化学の話 **4**章

63 おいしさの成分？ 「うま味成分」とは？

うま味成分＝グルタミン酸。
「うま味」は発見者の池田菊苗が名づけた！

　お味噌汁は、出汁が入っていないとおいしくありませんよね。出汁のうま味のもとって、何なのでしょう？

　化学者池田菊苗は、妻が買ってきた昆布を見て、**4つの基本味（甘味、塩味、酸味、苦味）以外の成分があるのではないか**と考えました。そこで何度も昆布を煮出して結晶化を試み、1908年にようやく、12kgの昆布から30gのグルタミン酸のナトリウム塩の結晶化に成功。4つの基本味以外の味を構成する成分は**グルタミン酸**と突き止め、**「うま味」**と名づけました。生き物を構成するたんぱく質はアミノ酸からできています。グルタミン酸はそのアミノ酸そのもので、生き物の細胞の中でつくり出されています。

　池田は、グルタミン酸を漏らし出す微生物を見つけ、その微生物の発酵でたくさんのグルタミン酸をつくり出す方法を研究。**グルタミン酸を原料とした、うま味調味料の製造に成功**しました〔**図1**〕。

　池田の研究室の小玉新太郎が1913年に**鰹節からイノシン酸ナトリウム**を、ヤマサ研究所の国中明は1957年に**干し椎茸からグアニル酸ナトリウム**を発見。これらのうま味成分を合わせることで相乗効果が得られ、よりおいしくなることに気づきます。うま味が増すよう、うま味調味料にはそれらが調合されています〔**図2**〕。

糖蜜を発酵してグルタミン酸ナトリウムに

▶グルタミン酸のつくりかた〔図1〕

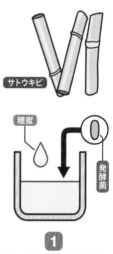
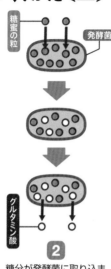
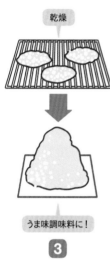

1
サトウキビから糖蜜を絞り、糖蜜の液に発酵菌を加える。

2
糖分が発酵菌に取り込まれ、グルタミン酸に変化・放出される。

3
集めたグルタミン酸をグルタミン酸ナトリウムにして乾燥させ結晶化。

▶うま味成分はさまざまな食品に〔図2〕

さまざまな食品に入っているうま味成分は、野菜や昆布のグルタミン酸、肉や魚のイノシン酸、きのこ類のグアニル酸がある。

グルタミン酸が含まれる食べ物	イノシン酸が含まれる食べ物	グアニル酸が含まれる食べ物
●昆布（200～3,400mg）	●鶏肉（150～230mg）	●干し椎茸（150mg）
●チーズ（180～2,220mg）	●牛肉（80mg）	●乾燥ポルチーニ（10mg）
●白菜（40～100mg）	●カツオ（130～270mg）	
●トマト（100～250mg）	●豚肉（130～230mg）	
●アスパラ（30～50mg）		
●玉ねぎ（20～50mg）		

※食材100g中に含まれるうま味物質の量。

明日話したくなる化学の話 **4章**

64 一番効く「最強の毒」ってどんなもの?

なるほど! 毒性を示す**LD50**という評価基準があり、最強の毒は**ボツリヌス菌毒素**といわれる!

　人の体を害したり、死に至らしめたりする「毒」。「毒」にも効き目には個人差があるので、**毒の研究ではLD50という数値を使って毒性を評価**します。

　LD50はLethal Dose50（半数致死量）の略で、**1回の投与で集団の50%を死亡させると予想される投与量のこと**。LD50が小さいほど致死毒性が強く、LD50が大きいほど致死毒性が弱いとされます〔**右図**〕。例えば、カフェインのLD50は185mg/kg（マウス経口の実験の数値）。人間に当てはめると、体重60kgの人が11gのカフェインを飲むと半分の確率で死に至る、となります。

　もっとも毒性の強い化合物は何なのでしょうか?　**ボツリヌス菌が産生するボツリヌス毒です**。ボツリヌス毒にはいくつかの種類があり、もっとも毒素が強いボツリヌストキシンAのLD50の数値は0.0000011mg/kg。1gで約2,000万人の命を奪います。摂取すると体に麻痺を引き起こし、死に至らしめます。

　19世紀のヨーロッパでは、ソーセージを食べた人に致命的な食中毒が起こり、その食中毒の原因としてボツリヌス毒が知られました。毒性の高さから第二次世界大戦では生物兵器として研究され、現在では生物兵器禁止条約で開発・生産・保有が制限されています。

毒性の評価は<u>LD50</u>で行われる

▶LD50とは?

毒性の致死量を評価するための数値で、1回の投与で集団の50%を死亡させると予想される投与量のこと。下の表は、それぞれの毒の数値。

毒性の強い物質

毒物の種類	LD50 (mg/kg)	毒性の由来
ボツリヌストキシンA	0.0000011	ボツリヌス菌
テタノスパスミン	0.000002	破傷風菌
マイトトキシン	0.00017	藻類
ベロ毒素	0.001	病原性大腸菌など
テトロドトキシン	0.01	フグ など
VX ガス	0.015	化学兵器
リシン	0.03	トウゴマ
アコニチン	0.3	トリカブト
サリン	0.5	化学兵器
亜ヒ素	2	鉱物
青酸カリ	5〜10	化学合成

出典:『毒学教室』(学研教育出版)を参考に作成。

もうひとつの最強の毒

左の表にはないが、ポロニウムも極めて毒性の強い物質である。フランスの化学者キュリー夫妻が発見した放射性元素で、誤って研究室の容器から漏れて、技術者が死亡したことから強い毒性が知られるようになった。

ちり程度の量を摂取すると、発する α 粒子によって体の機能を阻害して死に至らしめる。ポロニウムを利用した毒殺事件も起きている。

毒の例

青酸カリ

シアン化カリウムのことで、工業では冶金やめっきに使われる。摂取すると中毒症状を起こし、呼吸を麻痺させて、死に至らしめる。

ベロ毒素

O157など、食中毒を起こす病原性大腸菌が出す毒素。血中に入るとベロ毒素は腎臓や脳に障害を与えて、重症化すると生命の危機に。

サリン

1938年ドイツで開発された有機リン系の毒ガス。無色無臭の液体。体内に吸収されると神経機能を破壊し、呼吸障害をもたらす。

明日話したくなる化学の話 **4章**

65 エコで便利な「触媒」とは?

新触媒開発は世界中で取り組まれ、ノーベル化学賞受賞者も続々!

触媒とは、**自分自身は変化しないのに、化学反応を手助けし、反応速度をあげる物質**のことです。

例えば、水素H_2とヨウ素I_2を混ぜると、反応してヨウ化水素HIになります。化学反応が起きるためには、活性化状態というエネルギーが高い状態になる必要があります。ヨウ化水素ができる反応の場合、その活性化エネルギーは174kJ。活性化エネルギーが大きいほど、反応速度は小さくなります。この反応に触媒として白金Ptを加えると、活性化エネルギーは49kJに下がり、**反応速度があがる＝短時間でヨウ化水素を得られる**のです〔**図1**〕。また酸素O_2と水素H_2は混ぜただけでは反応しませんが、触媒の白金があると火をつけなくても室温で急速に反応が進みます。

触媒のおかげで、高温や高圧をかけないと進まない反応が、低温低圧ですみます。いらない副生成物ができがちな反応を、欲しいものができる反応だけにしたりと、触媒があれば、経済的・環境的な面で有利になるのです。

現代でも触媒はいろいろな場面で使われています〔**図2**〕。触媒開発によりノーベル賞を受賞した化学者も多くいるなど、触媒の開発は非常に盛んです。

なくならない「触媒」で課題解決

▶ 触媒とは?〔図1〕

触媒とは、それ自身は変化せずに化学反応を手助けし、反応の速度をあげる物質のこと。反応に必要なエネルギーを減らすことができる。

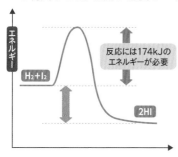

反応には174kJの
エネルギーが必要

H₂+I₂

2HI

触媒がない場合

水素 H_2 とヨウ素 I_2 を加熱し、ヨウ化水素 HI をつくる場合、174kJ の活性化エネルギーが必要。

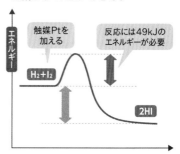

触媒Ptを
加える

反応には49kJの
エネルギーが必要

H₂+I₂

2HI

触媒がある場合

水素 H_2 とヨウ素 I_2 に白金 Pt を加えると、ヨウ化水素 HI をつくる活性化エネルギーを49kJに下げられる!

▶ おもな触媒の活用例〔図2〕

ガソリン自動車の排ガス除去

エンジン燃焼時に有害な排ガスが生じるため、自動車は排ガス浄化触媒を搭載。白金族元素を触媒に有害なガスを無害化する。

白金カイロ

白金を触媒として、燃料のベンジン(炭化水素)をゆっくりと酸化・発熱させるカイロ。

アンモニアの合成

四酸化三鉄 Fe_3O_4 などの触媒を発見したことで、効率的なアンモニア合成が可能となった(➡ P114)。

ガソリン燃焼で排ガス
(窒素酸化物、一酸化炭素、炭化水素)が発生

触媒の力で
無害な排ガス
(窒素、二酸化
炭素、水)に
変える

排ガスと排気口の
間に、排ガス浄化触媒
を設置する

明日話したくなる化学の話 **4章**

Q 天気って化学の力で 変えられるもの?

| 変えられる | or | 変えられない |

化学の力で雨を降らせたり、晴れにしたり…など、天気を自由に操れたら便利そうですよね。さて、人間の力で天気を自由に変えることはできるでしょうか?

　実は、雨を降らせる技術として**「人工降雨」などがすでに実用化されています。**ですので、答えは「変えられる」です。ここでは、人工降雨のしくみを見てみましょう。

　雨が降るためには雲が必要です。雲は、空気中の水蒸気が冷えて細かい水の粒（雲粒）となって白く見えているものです。空気が冷

えることで、水蒸気として存在できなくなった水が、細かい水の粒となってあらわれます。雲の温度が0℃以下になると雲粒が凍って氷粒になり、氷粒はまわりの雲粒にくっついて成長・落下していきます。大きな氷粒のまま地上に落下すると雪に、途中で溶けると雨となるのです。

さて、人工降雨では**「シーディング法」**という手法が使われています。**雨雲の中に、雨粒の「種」になるものを散布して、雲粒を雨粒に成長させる**のです〔**下図**〕。

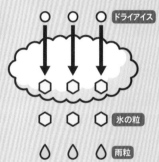

人工降雨の例

1 飛行機で雲の中に種（ドライアイス）をまく。

2 ドライアイスが雲の中の水滴を冷やして氷の粒ができる。

3 氷の粒は大きく成長して重くなり、地表に雨粒となって落ちてくる。

ドライアイス

氷の粒

雨粒

人工降雨以外にも気象改変技術はあります。まだ研究中の技術もありますが、降雹抑制、霧の消散、集中豪雨・豪雪の緩和、台風の抑制、地球温暖化抑制などさまざまです。大量にシーディングを行って広範囲に雲を生成し、太陽光放射の反射率を高めて温暖化を抑制することも可能でしょう。一方で、**大量のシーディングは地球全体の気候に予期せぬ悪影響を及ぼすかもしれません。**

気象制御で台風を回避できたとしても、意図せずほかの地域に被害をもたらす可能性もあるのです。気象改変は実現しつつある技術ですが、ルールをもとに実施することが世界的に求められています。

66 電気を通す プラスチックがある?

なるほど！ 1970年代に**導電性高分子**を発見。
これにより**タッチパネル**が実現した！

電気を通す…といえば金属が代表的ですが、2000年にノーベル化学賞を受賞した白川英樹博士らにより、1970年代から**電気を通すプラスチック（導電性高分子）**が報告され、それ以来産業分野でさまざまな応用がなされています。

白川博士が発見した導電性高分子は、**ポリアセチレンという物質でできたフィルム**です。アセチレンの構造（炭素2つの三重結合）では電気は流れません。しかし、アセチレンがつながったポリアセチレン（二重結合と単結合が交互に繰り返された構造）になると、電子が動きうる、つまり電気が流れうる状態にできるのです〔**図1**〕。

ポリアセチレンに塩素Clや臭素Brといったハロゲン族元素を加えるとします。ハロゲン族元素は、ほかから電子を奪いやすい性質をもっているので、ポリアセチレンの一部から、電子を抜き去ります。すると、電子が入りうる穴（正孔）ができ、その穴へ電子が移動してきます。さらに移動してできた穴に電子が移動してくる…と電子の動きが起こり、**ポリアセチレンのフィルムに電気が流れる**のです。

このフィルムにより、スマホのタッチパネルなどが実現〔**図2**〕。ちなみにこの発明には、偶然の力もあったそうです（➡P151）。

「導電性高分子の構造」とその応用

▶ 電気を通すプラスチック〔図1〕

白川博士は、ポリアセチレンに塩素や臭素などハロゲン元素を添加することで電気が流れるようになることを見出した。

普通のプラスチック

ポリアセチレンは、右図のようにアセチレン C_2H_2 が多数つながった高分子であり、普通は電気を流さない。

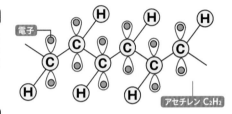

電気を通すプラスチック

塩素や臭素、ヨウ素をドーピングすると電子が引き抜かれる。電圧を加えると、空き（正孔）に他の電子が移動。それを繰り返して電子が次々に移動し、電気が流れる。

1 ドーピングで電子を引き出す。
2 空いた部分に電子が移動。

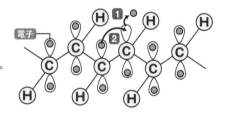

▶ 導電性高分子の用途〔図2〕

帯電防止剤

帯電防止剤として、静電気やほこりから電子部品などを保護。

タッチパネル

スマホ、ATM、飲食店のタブレットのタッチパネルの透明電極に使われる。

太陽電池

電解コンデンサー（電気を蓄える電気部品）や新型太陽電池の材料に用いる。

67 「夢の化学物質」が 地球を壊す物質だった?

1928年に開発された「**フロン**」は無害とされたが、実は**オゾン層を破壊する物質**だった！

　大気中のオゾンO_3は宇宙から降り注ぐ紫外線を吸収し、紫外線の害から私たちを守ります。**フロンは、この成層圏のオゾン層を破壊する気体**で、国際的に厳しい使用規制がなされています。

　フロンは、**クロロ・フルオロ・カーボン**とも呼ばれる、炭素C、フッ素F、塩素Cl、臭素Brなどからなる化学物質の総称です。昔は、冷蔵庫やエアコンなどの冷却用のガス（冷媒）には、アンモニアなど毒性や臭気の強い物質が用いられていました。そこで1928年、アメリカの家電メーカーはより毒性の低い代替品を研究し、燃えず、人体に無害なフロンの合成に成功します。**化学的にも安定していたフロンは、「夢の化学物質」ともてはやされ**、冷媒のほかスプレー缶のガスやペンキの溶剤などにも用いられました。

　ところが1970年代半ば、**フロンが成層圏に達するとオゾンを破壊することがわかった**のです〔**図1**〕。1995年に生産が中止され、回収も進んでいます。代わりとなる物質の探索が進められました。これが**代替フロン**と呼ばれる、オゾン層を破壊しないフロンです。

　ところが代替フロンのひとつ、**HFC**は二酸化炭素の1万倍の温室効果をもつことがわかりました。現在では、それらの削減とフロンを使わない製品の開発が進んでいます〔**図2**〕。

フロンはオゾン層を壊す

▶ オゾン層を破壊するフロン 〔図1〕

フロンガスは、成層圏にいき、紫外線で分解されるとオゾンを破壊する。

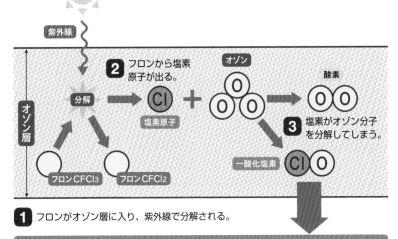

1 フロンがオゾン層に入り、紫外線で分解される。

2 フロンから塩素原子が出る。

3 塩素がオゾン分子を分解してしまう。

3 によりオゾン層が薄くなると、紫外線が強くなり、人体や動植物に悪影響！

▶ フロンと代替フロンの種類と特徴 〔図2〕

オゾン層を壊すフロンの代わりに、代替フロンが開発されたが、環境に問題があるものは、モントリオール議定書と京都議定書で定めた削減規制対象物質として、今後使用が控えられる予定だ。

CFC (クロロ・フルオロ・カーボン)	HCFC (ハイドロ・クロロ・フルオロ・カーボン)	HFC (ハイドロ・フルオロ・カーボン)
成層圏で紫外線に当たって遊離する塩素がオゾン層を壊す。温室効果も高い。1995年までに生産を全廃。	CFCに比べるとそこまでオゾン層は壊さないフロン。温室効果が高く、先進国では2020年までに生産を全廃。	塩素を含まないため、オゾンを壊さない「代替フロン」。温室効果が高く、将来的に使用制限される予定。

明日話したくなる化学の話 **4章**

68 バイオ燃料って何がすごい？

なるほど！ バイオ燃料は、**二酸化炭素を増やさない カーボンニュートラル**として期待されている！

　未来のクリーンなエネルギーとして期待されるバイオ燃料。どういうものなのでしょうか？

　バイオ燃料は、バイオマス（生物資源）を原料とする燃料のことです。化石燃料と違い、二酸化炭素を吸収する植物からできています。バイオ燃料も燃やせば二酸化炭素を出しますが、その二酸化炭素をバイオ燃料の原料が吸収するので、二酸化炭素が循環することになります。**燃やしたときに出た二酸化炭素は差し引き0となって増えない**。これが**カーボンニュートラルの考え方**です〔**図1**〕。

　例えば、バイオエタノールはトウモロコシなどの植物からつくられます〔**図2**〕。バイオエタノールが燃えたときに出た二酸化炭素をトウモロコシが吸収して生長、トウモロコシがまたバイオ燃料になる…といった具合です。現在、このバイオエタノールはガソリンに混ぜるなどして使われています。

　ガソリンも木材もガスも、燃やすと地球の温暖化を促進する二酸化炭素や、環境問題を引き起こす化学物質を放出してしまいますが、バイオ燃料なら二酸化炭素が削減できます。バイオ燃料はほかに、**バイオディーゼル**、**バイオガス**などがあります。地球温暖化対策のため、化石燃料に代わる燃料として利用が期待されています。

バイオエタノールはガソリンに混ぜられる

▶カーボンニュートラルとは？〔図1〕

温室効果ガスの「人為的な排出量」から、植林、森林管理による「人為的な吸収量」を差し引いて実質ゼロにする試み。

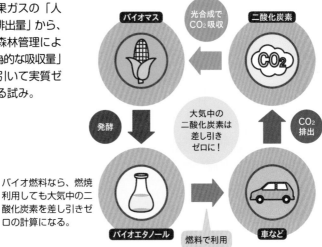

光合成でCO_2吸収

バイオマス

二酸化炭素

発酵

大気中の二酸化炭素は差し引きゼロに！

CO_2排出

バイオ燃料なら、燃焼利用しても大気中の二酸化炭素を差し引きゼロの計算になる。

バイオエタノール

燃料で利用

車など

▶バイオ燃料のつくられ方〔図2〕

バイオエタノールは、サトウキビなどの穀物を発酵・蒸留して製造する。ガソリンの代わりとして、ガソリンに混合して使われている。

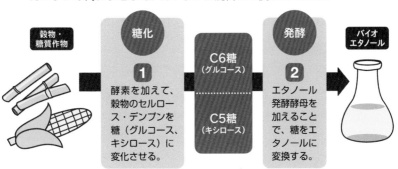

穀物・糖質作物

糖化 1
酵素を加えて、穀物のセルロース・デンプンを糖（グルコース、キシロース）に変化させる。

C6糖（グルコース）

C5糖（キシロース）

発酵 2
エタノール発酵酵母を加えることで、糖をエタノールに変換する。

バイオエタノール

69 グリーンケミストリーって何?

環境問題を起こさない製品づくりの技術とコンセプトのこと!

　プラスチックや薬など、化学で生み出されるモノ。こういった身近なモノが製造されるとき／廃棄されるときに毒性物質を出していたら、今後の地球が心配ですよね。こうした**環境問題を考えた製品づくりのために研究されているのが、グリーンケミストリー**です。

　例えば、戦後、公衆衛生を改善するために使われたDDT（殺虫剤）は、生命を脅かす病気マラリアや発疹チフスなどの予防に役立っていました。しかし、**そこに生息する生き物の脂肪の中に蓄積され、それを食べた動物が死んでしまうほどの毒物**だったのです。

　また、有害物質が混ざった車の排ガス、オゾン層を破壊するフロン、地球温暖化を促進する二酸化炭素やメタンなど、便利だと思って使っている製品から出る化学物質が、地球環境を破壊し、生命を脅かしています。そこからグリーンケミストリーが生まれ、**12の原則が制定**されました〔**図1**〕。

　例えば、ナイロンをつくる工程では、亜酸化窒素という温室効果ガスが出てしまいます。そこで亜酸化窒素分解装置で排出を減らすほか、亜酸化窒素を生成しないようにクリーンな触媒を開発するなど、ナイロン製造の環境負荷を削減するグリーンケミストリーにかなった研究が行われています〔**図2**〕。

環境問題を起こさないしくみづくり

▶ グリーンケミストリーとは? 〔図1〕

有害物質を使わない・出さない・自然に返る
製品づくりのコンセプト。

グリーンケミストリー12原則

1 廃棄物はできるだけ出さない。
2 原料をなるべく無駄にしない形で合成を行う。
3 人体と環境に害の少ない反応物・生成物にする。
4 毒性のなるべく少ない物質をつくる。
5 有害な補助剤はなるべく使用しない。
6 省エネを心がける。
7 原料はなるべく再生可能資源から得る。
8 途中の修飾反応はできるだけ避ける。
 (単純な工程にして、副産物の発生を減らす)
9 触媒反応を目指す。
10 環境中で分解しやすい製品にする。
11 プロセス計測を導入する。
 (余分な試薬は使わないようにする)
12 化学事故につながりにくい物質を使用する。

廃棄物減!

環境問題への関
心の高まりから、
アメリカの科学
者で大統領府の
行政担当だった
ポール・アナス
タスが1998年
に基本的な考え
方として12の
原則を提唱した。

▶ 亜酸化窒素の削減 〔図2〕

ナイロンの製造には、原料にアジピン酸が必要となる。合成の際に亜酸化
窒素が排出されるため、亜酸化窒素分解装置が必要になる。

シクロヘキサン → 高温高圧で酸化 → シクロヘキサノン + シクロヘキサノール → 硝酸で酸化 → ナイロンの原料「アジピン酸」 + 温室効果ガス「亜酸化窒素」 → 工場では分解装置を付けて、排出削減!

明日話したくなる化学の話 **4**章

70 ペットボトルの リサイクル方法は?

「マテリアルリサイクル」で衣類などになり、「ケミカルリサイクル」でペットボトルに再生!

リサイクルボックスなどで集められた多くのペットボトルは、その後はどうなっているのでしょうか? リサイクルする方法には、**マテリアルリサイクル**と**ケミカルリサイクル**があります。

マテリアルリサイクルは、**使用済みの製品を砕いたり、溶かしたりして新しい製品の材料にする方法**。まずは使用済みペットボトルの中から、透明で汚れのひどくないものだけに選り分けられます。そして細かく砕かれ洗浄され、乾燥するときれいな再生PETフレークになります。溶かして成形したり、紡績糸などの繊維にしたりして、新しい衣服や卵パックなどの製品に再生されるのです〔**図1**〕。ただし、不純物を完全には取り除けないため、この方法を繰り返すとPET樹脂は劣化していきます。

ケミカルリサイクルは、**化学的に分解して原料まで戻し、リサイクルする方法**です。色つきのペットボトルでもリサイクルでき、質の高いPET樹脂が得られます。洗浄して細かく砕いたPETフレークを化学分解し、不純物を除去。それを専用の炉で化学的に合成(重合)して、新たなPET樹脂をつくります。これを原料の一部にしてペットボトルに再生するのです〔**図2**〕。ほかにも、砕いて洗浄したPET樹脂を減圧下で高温処理し、不純物を取り除く方法もあります。

<u>約86%</u>がリサイクルされている

▶ ペットボトルのマテリアルリサイクル〔図1〕

回収ペットボトルを機械で潰して細かな再生PETフレークにし、溶かして衣類などにリサイクルされる。

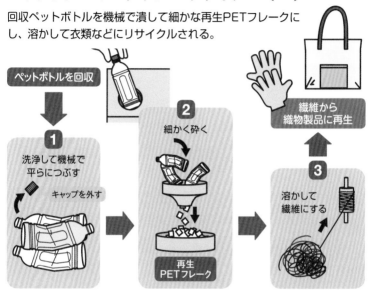

▶ ペットボトルのケミカルリサイクル〔図2〕

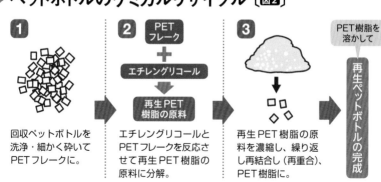

1 回収ペットボトルを洗浄・細かく砕いてPETフレークに。

2 エチレングリコールとPETフレークを反応させて再生PET樹脂の原料に分解。

3 再生PET樹脂の原料を濃縮し、繰り返し再結合し（再重合）、PET樹脂に。

PET樹脂を溶かして再生ペットボトルの完成

明日話したくなる化学の話 **4**章

71 環境にいい？ 生分解性プラスチック

プラスチックの処分・廃棄の問題解決のため、自然分解できるプラスチックの研究が進行中！

　身の回りにはたくさんのプラスチックがありますね。従来のプラスチックは安くて丈夫なため広く使われていますが、**自然に捨てられたとき、腐食しにくいためいつまでも残ってしまいます**。従来のプラスチックは、土に埋めても土に戻りません。

　その問題を解決するため、**生分解性プラスチック**の開発が進められています。理想形は、**環境中の微生物によって水と二酸化炭素にまで完全に分解されるプラスチックの開発**です。

　例えば、**ポリ乳酸**という素材は、トウモロコシなどの植物のデンプンから微生物の発酵によって乳酸をつくり出し、それを繰り返しつなげた（重合）ものです〔**図1**〕。残念ながら普通の土に埋めても分解されませんが、ポリ乳酸は温度60℃・湿度60％以上のコンポストの条件下なら、二酸化炭素と水にまで分解できます。**そこで現在、土でも分解される素材、海水環境でも分解される素材**など、さまざまな生分解性プラスチックが研究・開発されています。

　生分解性プラスチックはコストが高く、水に弱いという弱点があります。それでも、生分解性プラスチックのごみ袋で生ごみを回収して自治体が堆肥化したり、農業用フィルムに用いて収穫後に農地へ漉き込んだりするなどの試みが進められています〔**図2**〕。

生分解性プラスチックは<u>自然に戻る</u>

▶生分解性プラスチックとは？〔図1〕

生分解性プラスチックは、微生物によって二酸化炭素と水に分解され、自然に戻る。

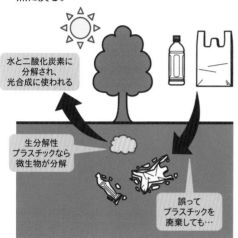

水と二酸化炭素に分解され、光合成に使われる

生分解性プラスチックなら微生物が分解

誤ってプラスチックを廃棄しても…

おもな生分解性プラスチック

ポリ乳酸

微生物が植物のデンプンを発酵してつくった乳酸を重合（繰り返し結合）したもの。特定の条件下でなら分解される。

微生物産生ポリエステル

植物油を原料に微生物による発酵で生成される素材。土壌で分解可能。

▶生分解性プラスチックのおもな用途〔図2〕

堆肥化用生ごみ収集袋

家庭で出る生ごみを集めて自治体が堆肥にするための収集袋に使われる。

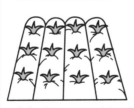

農業用マルチフィルム

作物の根元をおおい水分蒸発を抑える。収穫後、土に混ぜると土に戻る。

漁具や釣り糸

誤って自然に残っても海を汚染しないよう、漁具に活用する試みも。

177

Q どの元素を調べれば、何万年前の化石かがわかる?

| 水素 | or | 鉄 | or | 炭素 |

地中深くから発掘される動植物の化石。化石が何万年前のものかって、どうやって調べるのでしょうか? 実は、ある元素を調べることで、その化石が生きていた年代を調べられます。何の元素でしょうか?

　すべての物質は元素からできています。元素の状態を調べることで、化石などの年代を調べることができるのですが、**そのカギは「放射性同位体」になります**。放射性同位体とは、同じ元素だけど質量数が異なる同位体の中で、放射能をもつものです。例えば、水素だとトリチウム（三重水素）が放射性同位体になります。

宇宙で最初に生まれた元素は**水素**です。トリチウムが手がかりになりそう…ですが、トリチウムは半減期（エネルギーを放出してその存在量が半分に減る期間）が約12年と短く、60年前までしか判定できません。化石ではなく、地下水の年代測定に使われています。

　では、身近な金属・**鉄**はどうでしょうか？　鉄の放射性同位体には鉄60があり、半減期は約260万年と長いです。ただし、残念ながら地球上にはほぼ存在せず、化石の分析には不向きなようです。鉄60は超新星爆発で生まれると考えられており、地球近くの超新星爆発の年代（約300万年前）を、海底で検出された鉄60から推定する研究が進められています。

　炭素はどうでしょうか？　炭素には炭素14という放射性同位体があります。生きている植物は光合成で二酸化炭素を取り込むため、大気中と同じ割合の炭素14をもちます。しかし植物が死ぬと二酸化炭素を取り込めなくなるため、体内から炭素14が減っていくのです。炭素14の減るペースは決まっています。**「化石となった遺体の炭素14」と「大気中の炭素14」の割合を比べて、生きていた年代が推定できるのです。**ということで、答えは「炭素」ですね。

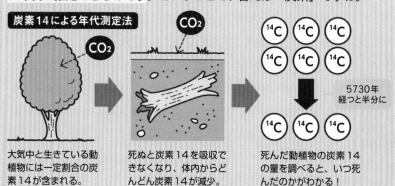

炭素14による年代測定法

CO_2　CO_2

^{14}C ^{14}C ^{14}C
^{14}C ^{14}C ^{14}C

5730年
経つと半分に

^{14}C ^{14}C ^{14}C

大気中と生きている動植物には一定割合の炭素14が含まれる。

死ぬと炭素14を吸収できなくなり、体内からどんどん炭素14が減少。

死んだ動植物の炭素14の量を調べると、いつ死んだのかがわかる！

明日話したくなる化学の話 **4**章

72 天然の化合物って 人工的につくれるもの?

なるほど! 天然物は合成できないと考えられていたが、1824年にヴェーラーが合成に成功した!

　昔の科学者たちは、自然界(生物)がつくる天然の化合物を**「有機化合物」**と呼び、**生命の力を借りずに人間がつくることはできない**と考えられていました。有機化合物は、生き物の中の「生命力」によって合成されるという「生気論」が長く信じられていたのです。

　1824年、この生気論に疑問符をつける発見がありました。ドイツの化学者ヴェーラーは**尿素(NH_2)$_2CO$を生き物の力を借りずに合成**したのです。

　尿素は人間の尿に含まれる物質。ヴェーラーは、シアン酸アンモニウムをつくろうと、シアン酸塩と塩化アンモニウムの溶液を加熱して、白い結晶・尿素を得ました。加熱したのはどちらも無機化合物と呼ばれるもの。**彼はまったく予想外に、無機化合物から有機化合物を、生き物の体外で人工的につくり出した**のです〔**図1**〕。

　ヴェーラーの実験以降、人間はフグ毒のテトロドトキシンのような複雑な天然物の有機化合物まで人工的に合成することに成功しています〔**図2**〕。さらにプラスチックのように天然にはない物質まで、合成できるようになっています。現在では、有機化合物は人間がつくり出せるようになったため、**「CO、CO_2などの無機物を除いた、炭素を含む化合物」**が有機化合物の定義になっています。

人工の尿素から天然物の合成がはじまった

▶ ヴェーラーの実験〔図1〕

1824年、ヴェーラーは無機化合物から有機化合物の尿素を合成することに成功した。

シアン酸塩

塩化アンモニウム

尿素

彼はシアン酸アンモニウムを期待していたが、実験で得た白い結晶を調べたところ、尿素だとわかったという。

▶ フグ毒の人工的な合成〔図2〕

フグ毒であるテトロドトキシンは人工的な合成（全合成）が極めて難しい天然物として知られたが、1972年に岸義人によって全合成がなされた。

テトロドトキシン（フグ毒）

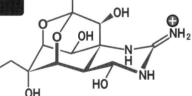

テトロドトキシンの分子構造を分析し、構造が正しいかどうかは合成物が毒性をもつかどうかで判定された。

フグ毒もフグにはつくれない？

実はテトロドトキシンは、フグ自体がつくっているわけではない。フグ毒をもつ生物は海底に多く、微生物から続く食物連鎖の結果、フグの体内に蓄積されたものだ。そのため養殖場で海底から10m以上の高さを保って育てられた養殖フグは無毒。ただし「毒なしフグ」として売り出すのは、天然物が混じっている可能性もあるため、国から認められていない。

73 化学の力で物を鑑定？
破壊分析と非破壊分析

 昔の絵画の成分を、
非破壊分析で触れずに推定できる！

　化学の力を使えば、私たちの肉眼で見てもわからないこともわかることがあります。その代表的なものが**科学的鑑定**です。鑑定を行うためには、物を分析することが必要ですが、**分析対象を溶かして溶液にして分析するような方法を破壊分析**、分析対象を壊さずに**X線などを当てて分析するような方法を非破壊分析**といいます。

　非破壊分析は、光（電磁波）を当てたときの散乱光や透過光を分析することで行うものが多いですが〔**右図**〕、超音波など光以外のものを当てる方法もあります。

　例えば、絵画の青色の表現について、フェルメールの絵では当時はとても貴重だったラピスラズリという鉱物でつくられた絵の具が惜しげもなく使われていたといわれています。一方、アズライト（藍銅鉱）というそこまで高価でない青色の鉱物も存在します。

　この2つを見分けるには、**蛍光X線分析**を使います。藍銅鉱には銅が含まれているため、**蛍光X線分析で銅を検出することで判断ができる**のです。また、ラピスラズリ自体は特徴的な元素を含んでいませんが、粉末X線回折という手法で、ラピスラズリの鉱物結晶そのものと分析することに成功した研究もあります。ほか、含まれる同位体によって作成年代を推定する方法もあります。

分析者は <u>専門知識</u> と <u>日々の研鑽</u> が必要

▶ 非破壊分析とは?

電磁波やX線を当てることで、どんな物体なのかを分析できる。

絵画を蛍光X線分析

対象物にX線を当てると、使われている元素の種類がわかる。X線を元素に当てると、元素から蛍光X線という形で固有のエネルギーを放出する。それを手がかりに元素を推定する。

木簡を赤外線分析

墨は赤外線を吸収する。文化財に赤外線を当てることで文字が読みやすくなったり、絵画の下描きが見えたりすることもあるという。

果実の糖度を赤外線分析

果物の糖度も、近赤外線（可視光に近い赤外線）によって測定できる。対象物に近赤外線を照射すると特定の光のみ吸収され、その吸光度によって糖度が測れる。

明日話したくなる化学の話 **4章**

Q 人工的に「人間」を つくることはできる?

| できる | or | 無理 | or | 将来的には… |

人体の99%は11個の元素からできた「化学物質」です。そうすると、人間の体をつくっているこれらの元素を集めてつなげていけば、人工的に人間がつくれそう…ですが、それって可能なのでしょうか?

あとは命を吹きこむだけ…

　現代の化学では、残念ながら細菌のような単細胞生物でさえ人工的に再現できていません。いまだ人間は、無生物から生命をつくり出せてはいないのです。生命の構造は複雑すぎて、組み立てのための設計図も手順もよくわかっていないからです。

　例えば、人間は37兆個の細胞からできています。細胞を構成す

るたんぱく質の種類は10万種類。それぞれ独自の形（立体構造）とはたらき（機能）をもっていて、その形で機能が決まります。

現状では、**ひも状の人工たんぱく質はつくれても、人工的にある特定の立体構造に折りたたむことができていません**。また、すべてのたんぱく質の立体構造の分析は、膨大な時間がかかるため不可能とも考えられています（現在はコンピューターでたんぱく質の立体構造を推定する手法が研究されています）。

しかし、人間や過去に生きていた恐竜を人工的に合成することは無理にしても、似たものをつくる試みは研究されています。そのうちのひとつが**人工細胞をつくる研究**です。

2010年アメリカのクレイグベンター研究所は、自律的に増殖する人工細胞の作成に成功したと発表しました。細菌のゲノム（全遺伝情報）をデジタル化し、生命活動に必須でない遺伝子を除いた人工ゲノムを設計。これをDNAを除去した細菌の細胞に入れたところ、ゲノムが置き換えられたのです。ただ、大きなゲノムをもつ細菌を使った移植は難しく、これからの研究。ですので、答えは「無理」ですが、「将来的には…」可能性があるかもしれませんね。

人工細胞のつくり方

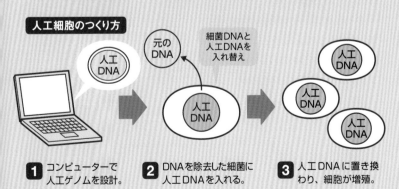

1 コンピューターで人工ゲノムを設計。
2 DNAを除去した細菌に人工DNAを入れる。
3 人工DNAに置き換わり、細胞が増殖。

明日話したくなる化学の話 **4**章

2つの化学物質を発見した化学者

高峰譲吉
<ruby>高<rt>たか</rt></ruby><ruby>峰<rt>みね</rt></ruby><ruby>譲<rt>じょう</rt></ruby><ruby>吉<rt>きち</rt></ruby>

（1854 - 1922）

　高峰譲吉は、消化薬タカジアスターゼを開発し、世界で初めてアドレナリンの抽出に成功した化学者です。江戸時代、加賀藩の医師で化学にくわしい父と、実家が酒造家の母のもとに生まれ、さまざまな学問を学ぶうちに化学に強い興味をもつようになりました。明治時代に入り、工部大学校（現東京大学工学部）で化学を学びます。卒業後はヨーロッパの産業を学ぶために留学。帰国後は農務省で日本酒醸造を改良するかたわら、日本人の食を支えるために、過リン酸肥料を製造する化学肥料会社を設立します。

　その一方で高峰は、麦芽ではなく米麹（こめこうじ）を使ったウイスキーづくりのアイデアを思いつき、アメリカに渡りますが、トラブルで事業は頓挫。しかし「麹菌の酵素は、胃の中でデンプンの消化を助けるのでは？」との思いつきから、麹菌から消化酵素アミラーゼを安く大量に取り出す方法を発見します。この酵素は、消化薬タカジアスターゼとして商品化され大ヒットします。

　同じ頃、化学界では動物の臓器・副腎から放出される「血圧を上げる分泌物」を抽出しようと苦心していたのですが、高峰と助手の上中啓三が、ウシの副腎にその分泌物を見つけて抽出に成功します。副腎の英語名「adrenal gland」からアドレナリンと名付けられ、血圧上昇剤として、現在の医療でも広く使われています。

さくいん

や・ら

参考文献

『「高校の化学」が一冊でまるごとわかる』竹田淳一郎（ベレ出版）
『現代化学史 原子・分子の科学の発展 』廣田襄（京都大学学術出版会）
『身のまわりのありとあらゆるものを化学式で書いてみた』山口悟（ベレ出版）
『絶対に面白い化学入門 世界史は化学でできている』左巻健男（ダイヤモンド社）
『錬金術の歴史 ― 近代化学の起源 ― 』E.J. ホームヤード（朝倉書店）
『読むだけで身につく化学千夜一夜物語』太田博道（化学同人）
『イラスト＆図解 知識ゼロでも楽しく読める! 元素のしくみ』栗山恭直 監修（西東社）
『マンガでわかる生化学』武村政春（オーム社）
『元素の事典』馬淵久夫（朝倉書店）
『元素大百科事典』渡辺正 監訳（朝倉書店）
『元素118の新知識』桜井弘 編（講談社）
『理科年表』国立天文台 編（丸善出版）
『世界の見方が変わる元素の話』ティム・ジェイムズ（草思社）
『新しい科学』（東京書籍）
『化学・意表を突かれる身近な疑問』日本化学会編（講談社）
『化学大図鑑プレミアム』桜井弘 監修（ニュートンプレス）
『エピソードと人物でつづるおもしろ化学史』竹内敬人監修（日本化学工業協会）

監修者 竹田淳一郎 (たけだ じゅんいちろう)

1979年東京生まれ。慶應義塾大学理工学部応用化学科卒業後、同大学大学院修了。早稲田大学高等学院教諭、気象予報士、環境計量士。普段は中高生を教えているが、実験教室では小学生、大学では教員志望の学生、オープンカレッジでは30～80代の社会人と、幅広い年代に、身近な教材を使って実験中心の楽しい授業をすることを心がけている。著書に『大人のための高校化学復習帳』（講談社）、『「高校の化学」が一冊でまるごとわかる』『教養としての東大理科の入試問題』（ともにベレ出版）などがある。

執筆協力	入澤宣幸、木村敦美
イラスト	桔川シン、堀口順一朗、栗生ゑゐこ、北嶋京輔
デザイン・DTP	佐々木容子（カラノキデザイン制作室）
校正	西進社
編集協力	堀内直哉

**イラスト＆図解 知識ゼロでも楽しく読める！
化学のしくみ**

2024年2月15日発行　第1版
2024年5月20日発行　第1版　第2刷

監修者	竹田淳一郎
発行者	若松和紀
発行所	株式会社 西東社
	〒113-0034　東京都文京区湯島2-3-13
	https://www.seitosha.co.jp/
	電話　03-5800-3120（代）

※本書に記載のない内容のご質問や著者等の連絡先につきましては、お答えできかねます。

ISBN 978-4-7916-3277-0